# 设计师式认知

# Designerly Ways of Knowing

[英]　Nigel　Cross　著

任文永　陈实　译

沈浩翔　　审校

华中科技大学出版社

中国·武汉

Translation from English language edition：Designerly Ways of Knowing by Nigel Cross. Copyright © 2006，Springer London. Springer London is a part of Springer Science＋Business Media. All Rights Reserved.

湖北省版权局著作权合同登记 图字:17-2012-177 号

**图书在版编目(CIP)数据**

设计师式认知/〔英〕Nigel Cross 著;任文永,陈实译;沈浩翔审校. —武汉：华中科技大学出版社,2013.4
ISBN 978-7-5609-8431-5

Ⅰ. ①设… Ⅱ. ①N… ②任… ③陈… ④沈… Ⅲ. ①设计学
Ⅳ. ①TB21

中国版本图书馆 CIP 数据核字(2012)第 236945 号

设计师式认知 　　　　　　　　　　　　　　〔英〕Nigel Cross 著
　　　　　　　　　　　　任文永 陈实 译 沈浩翔 审校

策划编辑：林　航　　　　　　　　　　　　责任校对：朱　霞
责任编辑：熊　慧　　　　　　　　　　　　责任监印：周治超
出版发行：华中科技大学出版社(中国·武汉)　　电话：(027)81321913
　　　　　武汉市东湖新技术开发区华工科技园　　邮编：430223
录　　排：华中科技大学惠友文印中心
印　　刷：湖北新华印务有限公司
开　　本：880mm×1230mm　1/32
印　　张：7
字　　数：136 千字
版　　次：2018 年 1 月第 1 版第 3 次印刷
定　　价：40.00 元

# 中文版序

Foreword to Chinese Edition

我很高兴《Designerly Ways of Knowing》的中文译本出版了。

通过研究设计专家的设计能力，我们发现"设计师式认知"和"设计思维"是设计能力的核心内容。但是，设计能力并非专业人士独有，从一定程度上来讲，人人都拥有设计能力，因为它作为一种自然的认知能力存在于人类的大脑中。每个人或多或少地都拥有设计能力，只是有些人的这项能力表现得更强。设计能力也不只是上天赐予的"天赋"或是"礼物"，人类还能通过训练来获得这项能力。理解"设计师式认知"不仅有助于设计师更好地开展设计实践，也有利于设计类学生更好地学习设计专业，帮助设计教育者更好地进行教学工作。

我希望本书能给中国的设计师和设计领域的教育者、学生及研究人员带来帮助！

Nigel Cross

# 目　录
Table of Contents

# 前言

Introduction

　　本书回顾了我个人多年以来的设计研究成果。出版本书的起因是我意识到目前的设计研究并无明确目标，也未取得很好的研究成果。我认为，如果要致力于将设计发展为强有力的独立学科（而不是满足于将设计定义为科学或艺术的一个分支），就必须阐释清楚设计活动、设计行为和设计认知的本质。我们必须为"设计师式认知"建立一个讨论和论证的体系。

　　本书中的研究不仅包含一些实证研究、理论思考，还试图回顾、分析并总结其他研究者的研究进展。我曾多次在不同的时间以不同的方式，包括学术讲座、会议演讲和期刊论文汇报了研究成果。在本书中，我筛选了一些报告，进行了整理，并建立一个讨论和论证的体系。我的目的是理解设计师的思维方式或是设计专业知识的本质特征；试图明确设计师的思维方式的优势和劣势；探讨设计认知的哪些知识点是人类智力中必不可少的部分。为了加强连贯性和避免内容重复，本书使用的论文或报告都已修订。

第 1 章，"设计师式认知"，首次公开发表于《Design Studies》期刊的"设计学科"系列中，期望以此作为"将设计作为一门学科"的理论基础。最早提出此观点的是 Bruce Archer，发表于第一期的《Design Studies》，他提出设计应该是除科学和人文外的第三个教育领域。与此同时，"设计"课程第一次作为通识教育而不是专业教育的一部分被引入英国的中学教育阶段。我和我的同事在新成立不久的英国开放大学也面对着同样的困惑：如何让设计教育提升个人素质，避免其成为基于设计实践的职业教育。我试图将设计理解为不同于科学和人文的第三个领域，继而探讨设计需要满足什么标准才能被人们接受为通识教育的组成部分。我提出的标准是，设计教育需从技术性的传统职业教育转变为面向大众的通识教育，这才是设计教育的真正价值，这一价值应源自深层次的设计师思维和行为方式，即"设计师式认知"。因为设计研究和设计教育都关注基本的设计师"认知方式"，我认为这两者都为发展"设计作为一门学科"作出了贡献。我也认为"存在设计师式认知"的新观点能够形成设计研究领域中的基础理论依据，有助于将设计作为一门学科展开研究。

第 2 章，"设计能力的天性及其培养"，基于我 1989 年作为设计研究教授任职于英国开放大学时的讲座内容而形成。讲座的第一部分主要关注"设计能力的天性"，我对设计活动和设计师行为进行了多方面的研究和观察。通过对这些内容进行回顾和总结，我认为设计能力是一种以解决未明确定义的问题为目的的综合能力，它包括：采用解决方案聚焦的认知策略（solution-focused cognitive strategies），利用溯因或同位的思维（abductive or appositional thinking），以及使用非口语的建模媒介（non-verbal modelling media）。这种能力在设计专家身上非常突出，但我认为每个人都或多或少地拥有这样的能力。接着通过案例分析提出设计能力是人类智慧的组成部分，为建立"设计师式认知"方式提供了更广泛的基础。在讲座的第二部分，我提出了必须理解设计能力的天性，因为这有助于设计教育者培养学生的设计能力。文中探讨了通过设计教育来培养设计能力，还特别提到了通过英国开放大学的远程教育媒介来提供设计教育的一些问题。在本章中，我修订了讲座中的第二部分，使内容更适用于所有的设计教育者（不仅仅局限于英国开放大学的教育人员），但依然强调"开放性（openness）"是现代设计教育的一个关键原则。

第 3 章，"设计中的自然智能与人工智能"（译者注：自然智能是指观察自然界中的各种形态，对物体进行辨认和分类，能够洞察自然或人造系统的能力；人工智能是指由人工制造出来的系统所表现出来的智能，其本质是对人的思维的信息过程的模拟），其内容来源于我 1998 年在国际会议上做的关于设计中的人工智能的专题讲座。相比于"人工智能",我更愿意谈论设计的"自然智能"。讲座讨论了我们对设计能力的"自然智能"和设计活动的特性的认识。首先,对设计能力的观察研究说明这一能力广泛存在于所有人群中,但其能力水平参差不齐——有些人水平普通,有些人则天赋异禀。为了让关于"设计能力是一种天性"的研究结果更可信,我在研究中引用了一些公认的设计专家的评论和研究成果,也提到了草图并分析了它在设计中的作用,以此来举例说明设计的复杂性。最后,我对设计中人工智能的价值及相关的研究做了一番评论。我认为,研究设计中人工智能的目标应该是帮助我们了解设计能力中的自然智能,也有助于我们更好地理解自然智能或人的认知能力。

设计语境(译者注:设计语境是设计行为所涉及的客观条件和背景,包括特定的时间、空间、情景、人物等)下人类认知能力的一个关键点是创造性思维。接下来的两章论述了设计中的创造性认知。

第 4 章,"设计中的创造性认知 I:创意飞越",通过对一个口语分析实验案例进行研究,我分析了创造性思维在设计中的发生过程。"创意飞越"是创意思维的典型特征,它是指突然间闪现的创意,该创意很可能成为最终的设计方案。本章中的调查研究报告是基于一个"创意飞越"的实例,它发生在一个小型设计团队的设计活动过程中。我们对整个过程进行了实验记录和研究，基于记录资料重构了案例，并采用了被普遍认可的以一般性叙事描述模型（generic descriptive models）为基础的研究流程，以便读者理解。我还对创造性设计的计算机模型的潜在影响因素做了观察并公布了观察结果。我认为，设计中的知觉行为以创造性理解为基础，并不会出现过多的"飞越"，反而更像是介于问题空间（problem space）与解决方案空间（solution space）之间的"桥接（bridging）"。这符合设计思维的同位（appositional）特性，其中桥接的概念很好地表达了问题与解决方案之间的关系。

第 5 章，"设计中的创造性认知Ⅱ：创意策略"，继续对设计中的创造性认知进行调查。我对三个工程设计和产品设计的案例进行了研究并做了说明。如同第 4 章中论述的小型团队设计项目，我和同事在同系列的实验中记录一个优秀工程设计师 Victor Scheinman 的有声思维口语分析。我也有幸对其他领域的两位名副其实的优秀设计师——产品设计师 Kenneth Grange 和一级方程式赛车设计师 Gordon Murray 做了深度访谈。本章中，我介绍了优秀设计师用不同方法解决同一个特定设计问题的例子。我对比了这三个完全不同的项目案例，发现它们在采用策略性设计方法上惊人地相似。我以这些研究案例为基础，提出了一个通用的描述性模型，展示了在创造性设计中策略性知识如何在三个水平层次上进行运用：低级水平——使基本原理性知识相互连贯；中级水平——将隐性的个人知识和情境化的知识应用于特定的问题及其语境；高级水平——针对问题目标的显性知识（explicit knowledge）和隐性知识（implicit knowledge）（译者注：根据知识能否清晰地表述和有效地转移，可以把知识分为显性知识和隐性知识）及其标准。三位优秀的设计师似乎都在提出创新设计方案的过程中以相似的方式运用这一策略性知识。

在这 2 章，我们都使用了口语分析的实验性方法对 Victor Scheinman 和三人设计团队进行了研究，而这一方法已经成为应用于调查设计认知最广泛的技术方法。

第 6 章，"理解设计认知"，回顾了许多案例及其他实证研究的成果，并且从跨学科、独立范畴的视角对理解设计认知的天性做了相关总结。我把这些结论归类为设计认知的三个主要方面——问题的构想、解决方案的产生和设计过程策略的使用。我分析了这些结论之间的异同点，发现设计认知在专业实践领域中有许多相似之处。可能最有意思的结论就是，那些经验丰富的设计师凭直觉的行为看起来通常与设计任务的专属特性高度吻合，可是它在理论研究上却被认为是"毫无原则"的行为。

最后一章回归至设计与科学之间的重要关系这一历史问题，从而回到本书开篇主题"设计作为一门学科"。在原始的会议论文中，我尝试建立一个观点，设计作为一门学科的基础是设计的科学（science of design），而不是设计科学（design science）（译者注：有关设计的科学与设计科学的概念参见第 7 章）。如第 1 章中所述，我认为这个学科的根本性基础就是一个设计师的意识和能力所特有的知识形式。在第 1 章的后半部分，我概括了设计学科的一些方法和对设计师式认知方式的理解，而它们都可以通过设计研究来获得。我将设计知识的三个来源作为研究要点：人、过程和产品。这些是理解设计师式认知方式的根源。

在整理这一系列特定的演讲稿、论文和报告时，我构建了一些内容提要并汇集了一些能够支持设计师式认知方式这一概念的论据（我相信这个概念现在已经被证明是合理的），同时更清晰地了解了构成设计认知特性的内容。这要感谢其他几位设计研究人员所付出的辛勤工作。

这些时间跨度将近 20 年的论文构成了本书的基础。有些人或许会认为这么长的时间应该取得更多的成果，但设计学科非常年轻，研究基础也相对薄弱，因此研究进展得并不快。我希望以本书的出版为契机，迎接这个新学科时代的到来，为加强设计学科的基础贡献一份绵薄之力，另外也为那些快速成长的新一代设计研究人员提供一些研究方法。

Nigel Cross

# 第 1 章

# 设计师式认知*

Designerly Ways of Knowing

　　在英国皇家艺术学院（RCA）的一项名为"设计通识教育"的艺术研究中，该学院再次强调了缺失第三类教育的观点。已经确立的两类教育可以大致分为科学教育和人文教育，而这两类教育长久以来被认为主导着社会、文化和教育体系。在英国的教育体系里，孩子们在年龄很小（大约 13 岁）的时候就被迫从这两类学科中选择其一，并以此作为主攻方向。

　　第三类教育不被认可的原因是它的价值一直被忽视，而且研究者们没有对其进行恰当的定义或明确的表述。Archer 和英国皇家艺术学院的同事们准备将其称为"设计学(design with a capital D)"（译者注：作者希望将设计作为与科学、人文并列的学科。强调"Design"要用大写字母 D 开头，是想将其与设计

---

* 本章内容首次发表于《设计研究》第 3 卷，第 4 期，1982 年 10 月，第 221~227 页。

课程中狭义的设计（以小写字母 d 开头的"design"）区分开来)，并明确地将其表述为"物质文化的综合体验，以及在艺术设计、艺术创造、艺术制作过程中所积累的经验、技能和理解的集合"。

摘自英国皇家艺术学院研究报告的几点总结能描述设计学的本质。

- 设计关注的中心问题是"新事物的设想与实现"。
- 设计包含了对"物质文化"的欣赏与"规划、发明、制作和手工水平"的具体表现。
- 设计的核心是建立模型的"语言"；使学生掌握这种"语言"成为可能，就好比他们能掌握科学的"语言"(计算能力)和人文的"语言"(读写能力)一样。
- 和其他学科相比，设计学在"认知对象、认知方式及探索认知对象的方式"上存在明显区别。

从三种文化（科学、人文、设计）的视角去审视人类知识和活动其实是一个非常简单的模型。将设计与科学及人文进行对比说明，方法简单，有助于找到切入点对其展开更明确的阐释。这三种文化教育的共同点如下：

- 将对某一对象的认知结果进行传播；
- 教授一种合适的认知方式；
- 引导其探索该对象的相关研究领域与研究价值。

下面从各个方面将科学、人文和设计进行对比，明确设计的含义及其独特性。

- 各自的认知对象分别如下。
  - 科学：自然世界。
  - 人文：人类经验。
  - 设计：人造世界。
- 各自的认知方式分别如下。
  - 科学：可控的实验、归类、分析。
  - 人文：类比、比喻、批判、评价。
  - 设计：建模、图式化、综合法。
- 各自的研究价值如下。
  - 科学：客观、理性、中立、追求真理。
  - 人文：主观、想象、承诺、追求正义。
  - 设计：实用、独创、移情、关注适用。

在多数情况下，对比科学与人文的特点（如客观与主观、实验法与类比法）要比在设计领域确定相关的概念简单得多。这说明语言中缺乏相关概念用于阐释设计这一第三类教育。我们也将面临着一个问题：如何更明确地阐释什么是设计师式（designerly），而不是科学家式（scientific）或艺术家式（artistic）？

也许将设计看做技术会更容易被人接受。毕竟设计是技术人员（设计师和创作者）的文化。技术综合科学和人文两方面的知识，并以实践工作为目标；它不是简单的应用科学，而是要将科学的和其他系统化的知识应用在实践工作中。

第三类教育习惯上被等同于技术。例如，A. N. Whitehead曾提出："我们非常希望通过以下三种主要途径达到才智和个性发展的最佳平衡：人文的方式、科学的方式和技术的方式。这三种途径不可偏废，否则就会造成才智和个性的严重缺失。"

## 设计通识教育
Design in General Education

英国皇家艺术学院的设计通识教育项目已经显露出对设计的基本概念进行重构。我认为这不是偶然现象。我们原有的设计观念与专才教育（specialist education）脱不了关系：设计教育使学生成为一个专业技术人员的角色。我们正在探索如何能让每个人都能受到设计教育及其可能产生的影响，就像每个人都能受到科学与人文的教育一样。

传统上，设计教师都是有实践经验的设计师，他们通过师徒相传的方式传授知识、技能和价值观。设计专业的学生由经验更丰富的设计师指导，在一些小设计项目中扮演设计师的角色。设计教师首先都是设计师，其次附带地才算是教师。这种模式对于专才教育是没有问题的，但在通识教育中，所有教师首先（应该）是教师，其次，如果一定要的话，才是某一方面的专家。

要理解这种区别，就必须了解专才教育和通识教育之间的不同之处。两者的主要区别在于专才教育追求的是工具性目的或外在价值，而通识教育必须以追求内在价值为目的。建筑设计的教育可以说明这一点，它以培养能胜任房子建造任务的建筑设计师为目的，但通识教育并不以此为目的。Anita Cross 已经指出："因为通识教育从原则上来讲是非技能、非职业教育，所以如果将设计定位成一个除了帮助学生成为社会角色（social roles）做准备外，还有助于学生的自我实现（self-realisation）的研究领域，那么设计就能达到与通识教育中其他学科同等的地位。"

不管政府职能人员和行业内人员怎么想，通识教育的目的并不是帮助学生成为社会角色做准备。通识教育看起来似乎就没有目的。Peters 认为：

追问什么是教育的目的就像追问为什么要讲道德一样可笑，唯一能给出的答案就是教育的固有价值，它被视为与人的才智开发和个性培养同等重要。认为某个事件是"有教育意义的"也就是暗示了这个事件的过程和活动内容本身有助于促成或已经包含了值得去做的事情……人们认为教育一定是追求有价值的外在的东西，而事实上是，成为有价值的人就是"教育"的一部分。

## 教育的标准
Educational Criteria

Peters 认为教育的概念仅仅是提出一个标准，各种活动和过程依此判定能否被归为"有教育意义的"。因此，开一个讲座可能是有教育意义的，但是如果它达不到所设定的教育标准，它就可能没有教育意义；同样，一个学生的设计项目可能是有教育意义的，但也可能没有。

Peters 为教育提出了三条主要标准，其中第一条就是传播有价值的知识。这一条标准看起来简单明了，但实际上它引出了另一个问题："什么是有价值的？"Peters 举的例子很简单："在培训一个人的时候可能是在教育他，但也可能不是在教育他。比如，一个人在学习暴虐艺术（the art of torture）时，就肯定不是在接受教育。什么是有价值的？这个问题存在很明显的价值取向问题和不确定性。我们可能同意暴虐艺术毫无价值可言，可换一个词——拳击艺术（the art of pugilistics）是不是就有价值了呢？不管怎样，"规划、发明、制造和行动的艺术"应该毫无疑问被认为是有价值的（再次引用 Archer 对于设计的定义）。

Peters 的第二条标准源自他所关注的学生接受教育的过程。他强调人接受教育的方式与传授知识的内容一样重要。

虽然教育没有特定的途径，但是所采用的教育途径不能仅满足于向受教育者传递有价值的内容。这意味着，首先，受教育的个人要关心教育内容是否有达到一定标准的价值。我们不能认为那些了解科学但是不在乎真理或仅仅将其作为谋生手段的人是受过教育的。其次，接受教育的人开始以一种有意义的方式被引入教育活动中来，由此他才会明白自己在做什么。一个人可能因为条件反射而去躲避狗或被催眠暗示、诱导去做某些事。如果学习者在学习过程中不知所学为何物，就不能将这种情况称为教育。

教育的第二条标准强调学生既要有自我意识也要明白所学何物以及为何而学。教育的过程既不是给学生的思想强加固定模式，也不期望在没有任何的引导下学生能朝着一个满意的结局自由成长。教育必须是为了加强和发展学生内在的认知过程和能力而精心计划的。

Peters 的第三条标准源自一个问题。经常说某人受过很好的培训，但并没有受过教育。到底是什么原因才会有这样的定论？……其实就是一个人对自己所做的事情知之甚少，无法将所做的事情置于一个连贯的生活模式中进行相互联系。对他而言，他对事情本身的认知已经产生偏离了。

Peters 从这个问题总结出教育本身与认知观点有关系，也解释了为什么正好是某些活动看起来很显然地说明了教育的重要性。很少有人对骑自行车、游泳或打高尔夫深入了解，很大程度上，这是知其然而不知其所以然的问题——只懂熟练技巧而并没有真正理解，从更深层来说就是没有做到触类旁通。

给设计教育定一个标准并不是一件容易的事，因为设计经常被当做是一种技能，可能就像骑自行车、游泳或打高尔夫这类运动技能。确实，我们已经用 Ryle 提出的关于"知其所以然"和"知其然"之间的区别来强调"知其所以然"在设计中所起的作用。不管怎样，我同意 Peters 的观点：

对一个受教育的人来讲，理解或领悟了什么比做过了什么更重要。如果他受过培训，做得非常好，那么他必定已经正确理解，其他事情也一样。很难想象，缺乏足够的教育和指导的培训能造就"受过教育的"人。受过良好教育的人应该既能"知其然"又能"知其所以然"。

因此，想要满足第三条教育的标准，简单的技能培训是不够的。一个人被"训练"为设计师、医生或哲学家，并不能说他们是"受过教育的"。

　　我详细分析了 Peters 关于教育的三条标准，因为这对设计通识教育的支持者来讲非常重要，可以用来作为判断教育的标准。这需要从设计行业的职业培训方面作出根本性变化，转向前面提到过的设计教育。设计通识教育的首要任务并不是为职场做准备，也不是为行业培训有用的人。设计通识教育必须按照教育的固有价值进行定义。

　　Peters 进一步阐释教育的含义，并强调了其固有价值。接受教育是因为追求教育本身的固有价值，并非外在的各种动机或可能带来的好处，比如，能找到工作。为了说明设计是通识教育的一部分，就必须保证设计课程中所学的内容和学习的方式能够满足标准，必须找出设计的内在价值，只有这样，设计才能无可非议地被接受为人人都应接受的教育，才能有助于受设计教育的人更好地发展。

## 设计师式认知
Ways of Knowing in Design

　　英国皇家艺术学院在研究设计通识教育的过程中，提出了设计领域中"有待认知的事物、认知这些事物的方式，以及探索该事物的方式"的方针。作者认为，设计师式认知方式有别于通常公认的科学家式（scientific）或学者式（scholarly）认知方式。但是，英国皇家艺术学院的学者并未做更多研究来明确这一特有的认知方式。他们仅仅指出"设计并不是用来弥补科学和人文学科缺失的内容的"，却没有精确谈及设计的内涵到底是什么。为了建立起与科学和人文学科类似的知识和教育体系，必须梳理清楚设计的内涵。遗憾的是，设计领域理智的领袖们并未建立起相应的知识体系框架。他们通常被科学的灯塔诱惑，不愿意追随技术的脚步；他们像科学家或者学者一样求索知识，却没有思考如何作为设计师来求索相关知识。

"设计师式认知方式"一直以来并未得到明确的定义。事实上，近 20 年来，设计研究方面的进展非常缓慢，这些进展主要在以下几个方面。

## 设计过程
### Design Processes

在设计过程中，设计师做了一些基于观察的研究，了解他们的工作方式。研究发现，设计师式活动明显区别于典型的科学家式或学者式活动。Lawson 在对设计行为的研究中对比了设计师和科学家解决问题的思路（problem-solving strategies）。他所设计的实验针对两个小组，分别是建筑设计和科学学科的研究生，要求他们对一些 3D 色彩方块进行组织排列，以满足一定规则（这些规则并不是起初就设定好的，而是在过程中慢慢演化的)。Lawson 发现,两个小组的问题解决思路非常不同:科学家系统地探索了所有可能的方块组合方式,在符合要求的方块组合中发现基本规则;而建筑师更倾向于设计一系列的解决方案,再对这些方案进行排除,直到发现一种最恰当的组合方式。Lawson 认为:

这两种解决问题思路的本质区别在于,科学家致力于研究发现规则,而建筑师更想达到最好的结果。科学活动以问题聚焦(problem focused)为特性,而设计活动的特征是解决方案聚焦(solution focused)。虽说建筑师在寻找到最好的解决方案时,很有可能并未探索出所有的方案,但大多数建筑师也能在过程中发现一些方块组合的规则。换句话说,建筑师是在思考解决方案的同时了解设计问题,而科学家会单纯地对设计问题进行严格定义。

这些实验表明,科学家通过分析解决问题,而设计师通过综合手段解决问题。Lawson 将这些实验再次应用于年轻学生,发现大一新生和中学六年级学生在问题解决思路上,并未表现出类似建筑师和非建筑师那样的区别。这也许就表明,建筑师是在教育中逐渐掌握了解决方案聚焦的方法。这大概是因为,在学习(自主学习或受教育)过程中,他们发现,这一方法在解决设计问题方面更有效率。

设计活动的一个核心属性是期待尽快产生一个令人满意的解决方案，而不是在问题分析上浪费时间。在 Simon 的一个相关表述中，设计活动是关于满意度的过程，而不是优化的过程；是产生尽可能多的符合要求的解决方案，而不是试图找到一个假想的最佳方案。这一问题在多个有关设计行为的研究中找到了答案，包括对建筑设计师（Marples）、城市规划设计师（Levin）、工程师（Eastman）的研究。

为什么设计师式行为会如此具有识别性？它不仅仅是设计师和设计教育的本质体现，更可能是源于设计任务的特殊性和设计师所需解决的问题的特性。设计师总是被要求在有限时间内提出可行的方案，而科学家和学者则被要求先保留自己的判断和决定，直至找到新的发现——"需要进一步研究"通常是他们的总结陈词。

大家也一致认为，相比于科学家、数学家和学者面对的难题，设计问题总是未明确定义、结构不明的，甚至是令人抓狂的（wicked）。即使经过彻底分析，设计问题也往往并不包含解决问题所需的所有必要信息，而且也无法保证解决方案聚焦（solution focused）更有利于设计问题的分析，因为设计师的任务就是产生解决方案。只有在得到一个大概的方案之后，问题的边界才渐渐清晰。所以设计师的工作就是寻找或者说利用一个基本的突破点（primary generator）来定义问题，同时寻找可能的解决方案。

为了适应未明确定义的问题，设计师必须在思考解决方案的过程中，自信满满地定义、再定义和修正曾经的问题。而一旦开始探索结构清晰、定义明确的问题，设计师就无法感受到工作的乐趣。Jones 说过，为寻求解决方案而修正问题是设计过程中最富有挑战的事情。他也指出，"设计不应该与艺术、科学或是数学混为一谈"。

在设计理论中，不断有人强调要重视设计的特殊性。许多人特别提出一定要将设计与科学区别对待。

科学方法是用来发现客观事物的一种行为模式，而设计方法是用来发明、创造有价值的新事物的一种行为模式。科学是分析的过程，设计是创造的过程。

科学的本质是关注事物本身的客观存在，设计则关注事物的存在方式。

将设计理论构建于不恰当的逻辑范式和科学范式上是错误的。逻辑探究的是抽象的事物，科学探究的是客观存在的事物，设计则创造了新的事物。

这种强调和警醒来自于设计的建设性、标准化和创造性。

设计过程是一种模式综合（pattern synthesis），而非模式识别。解决方案决不会躺在资料中等待被发现，像斑点狗置身于斑点图案中一样（某知觉识别题），而是来自于设计师自发的组织、发现。

根据对城市规划设计师进行观察研究，Levin 指出：

设计师（有意或无意地）知道，为了形成独特的解决方案，应该在已有信息中加点"素材"。当然，光明白这一点并不足以解决设计问题，设计师必须通过不断地推测和原发性的思考来搞清楚需要添加什么"素材"。那么这种"素材"具体是什么呢？在大多数案例中，它是一种排序原则（ordering principle），如一些有关城市规划设计的研究论文就明确指出，它是一种几何图案的排序原则。

当然并不仅仅是在城市规划中，在设计的所有领域，都能发现几何图案的优先级别排列，应用一种模式（或者说一种排序原则）似乎是寻求解决方案的必经之路。

Alexander 发现，这种模式构建是设计活动的核心属性。他在关于"结构图表（constructive diagrams）""模式语言（pattern language）"（译者注：美国建筑理论家 Christopher Alexander 提出了"模式语言"这个概念，并以此为基础提出并发展了设计过程理论，结构图表是模式语言的初期概念，意思相似。这些概念的提出都是为了探索设计师的设计过程。具体内容请参看 Christopher Alexander 的著作《建筑模式语言》)的论述中提出,设计师是在以草图的方式进行思考。在这个思考过程中,把抽象的用户需求模型转化为具体的事物模型。这一过程类似于学习某种人工语言,将想法编码转化成文字。

那些被培训成为设计师的人都将使用此种编码,将个人、组织和社会的需求翻译、转换成人工制品。这种编码中包含了人类需求和物质环境之间存在的某种有机联系。设计师利用这种语言(某种编码或编码体系)来串联完全不同的领域(比如,语言里的声音和意义、设计中的人工制品和需求)。

设计师式认知方式毫无疑问存在于这些编码当中。虽然每位设计师精通的具体编码细节不太一样,但我们猜测设计编码中也许存在一种深层次结构。期待将来这些编码被有效解读出来以佐证这一观点。

设计师知道如何解决设计问题,但他们却并未确切地明白自己是如何解决问题的。的确,凭经验使用某种技巧似乎与生俱来,却难以对外言传。缺乏对设计知识的有效解读,使得长久以来的设计教育都依赖一种"学徒制"的传授体系,虽然无法诟病职业设计师含糊不清的设计技能,但至少设计教师可以尽可能清晰、明确地讲授设计内容。

## 设计产品
Design Products

至此仅仅关注了设计过程中的设计师式认知方式，其实产品设计中的相关知识也尤为重要。

物质文化给设计带来了丰富的营养。如何设计一个实物，要采用何种形状、尺寸、材料？设计师会先观察已有事物，然后复制（也就是学习的过程）——这就是物质文化中传统手工艺产品的设计流程：手工艺者通过简单复制，重复已有范例。Jones、Alexander 都曾强调，手工艺产品设计是不自知的或者说是自然而然的过程，通过该过程可以产生出具有精致美丽造型的实物。也就是说，简单过程却能孕育出复杂的产品。

客观事物是知识（如何满足需求，如何完成任务)的形式化体现。人人都能具备这种知识，且可为大众服务。人们使用斧头砍伐树木，却不需要了解其中的机械结构、冶金技术、木制构造等原理。当然，产品的运作原理有时能为人所用，并对设计质量产生极大影响。但整体来说，发明创造的产生优先于理论的产生，"做"或者说"实践"早于人们开始思考和理解——技术问题往往能产生科学问题，但人们并不认为科学问题能产生技术问题。

客观事物所包含的设计知识是设计师式认知方式的一个重要分支。设计师沉浸于物质文化当中，所产生的设计思考源于物质文化。设计师既能解读又能延续物质文化：他们了解客观事物中包含的沟通信息，他们构造的新事物又充满新的信息。Douglas、Isherwood 提及过这种人与世界双向沟通的重要性，他们认为这也与第三种人类知识（除了科学和人文知识之外）相关。

长久以来，狭隘的逻辑推理（简单的归纳、演绎）被冠名为"思考"。另一种更深入、更广泛的思维方式却被人们排除在外，例如，扫描图片、依其属性排序、搜索并匹配、分类和对比。此处并不是要鼓吹直觉的神秘或是联想的本领，暂且把这种思维方式称为"隐喻认知（metaphoric appreciation）"——想想在面对一幅平面作品时，你是如何对其中喜欢和不喜欢的各种元素进行估算度量、缩放、比较等思考的。

隐喻认知是设计师擅长的，即用某种编码阅读世界上的各种产品，把造型实物翻译解读成必要元素。"忘却日用品在衣食住行方面的功能吧"，Douglas 和 Isherwood 说过，"它们只是人类能力延展所需借用的不会说话的工具而已"。

# 设计教育的真正价值
## Intrinsic Value of Design Education

要让设计教育成为通识教育的有机组成部分，必须论证设计的价值在个体教育中的合理性。上文中，我谈到在设计过程和产品设计中的设计师式认知方式，希望能对明确设计的真正价值有借鉴意义。从本质上说，设计师式认知方式取决于对物质文化中编码（非语言）的操控能力；这种编码把具体客观事物和抽象需求进行互相编译转化；它协助设计师进行建设性的、以解决方案聚焦的方式进行思考（就像其他编码，如语言和数字，辅助人们进行分析、以问题聚焦的方式进行思考一样）；它也许是在规划、设计和创造新事物的过程中最有效的手段，以解决其中典型的未明确定义的问题。

对于设计师式认知方式的粗略分析，可以列举以下属性证明设计教育的真正价值。第一个重要价值是设计有利于学生掌握解决特定问题的技能，这些问题往往是未明确定义的、结构不明的，明显不同于科学和人文教育领域的组织清晰的问题。甚至可以说，设计问题往往更具有现实意义，它们与日常生活中经常面对的情况和决策问题更为相似。

因而，有理由相信，设计有助于人们提高解决现实世界问题的认知技巧和能力。必须谨慎避免陷入设计技术的泥潭，仅仅在教育中训练解决问题的技巧——设计应该在提升或者说严格教育标准方面做出贡献。设计在通识教育中有助于受过教育的人理解未明确定义的问题，提出处理问题的方案，了解各种类别问题的区别。Mcpeck 认为，这种批判性思维（critical thinking）的培养是设计对教育价值的有力贡献。Harrison 提出另一相关说法：特别是在实践环节中，设计教育能促成想和做之间的关键转换。

由此引出，设计在通识教育中的第二个重要价值——它有利于特定思维的培养。这种典型的建设性、创造性思维（constructive thinking），不同于大众熟知的归纳（inductive）和演绎（deductive）的推理方式。March 认为，它是一种溯因的（abductive）思维方式。

在教育中，对创造性思维这种认知能力的培养一直为人忽视。这种被忽视的根源是科学和人文学科在教育中占统治地位，同时根据认知能力发展的阶段性理论（特别是 Piaget 提出的理论），形象思维、创造性思维、综合推理较早出现在儿童时期，然后慢慢发展成更高阶的抽象思维、分析推理（如科学中占主流地位的逻辑推理）。另一些相关理论则认为，认知能力的发展首先是多种思维模式连续交互反馈的过程，然后它才渐渐发展到更高级别（levels）。这样说来，不同的认知（Piaget 所说的形象思维和形式感、Bruner 所说的图标和象征符号）并不是发展中的不同阶段（stage），而是不同类别的人类先天认知能力，它们都会经历从低级向高级发展的过程。

认知模式中，形象思维与设计的关系尤其密切，而科学中更多的是逻辑思维认知模式。如果采纳连续性发展的认知理论而非阶段性发展的认知理论，那么我们更有理由相信，设计教育尤其能够促进认知模式中形象思维的发展。

由此，找到了支持设计通识教育的第三个理由——它能促进人类认知能力的发展。目前的教育体系一直忽略了这一点。因为推动认知科学发展的理论家完全沉迷于以计算和读写能力为主导的科学研究，而忽略了设计这第三类教育。设计文化并不过多地依赖于语言、计算、文学的思维和沟通模式，而是主要依赖于非语言的模式。设计师使用模型，采取以图形为主的"编码"方式（例如，绘制图表、草图，在辅助思考的同时，也能更好地将创意传达给他人）就能证明这一点。

除了这些以图形为主的"编码"方式，还有一种脑图思维方式——用于想象。与设计相关的非语言的思考与交流领域包含了从平面图形能力（graphicacy）到造物语言（object languages）、行为语言（action languages）及认知映射（cognitive mapping）

（译者注：认知映射是认知语言学的专业术语，指人类独有的，对不同认知域之间意义的产生、转移和处理的认知能力）等广泛的组成元素。大多数认知模式与人的右脑（而非左脑）关系密切。这样说来，教育中对设计的忽视使人类缺失接近一半的经验和能力，而不止通常认为的三分之一。

French 认为，培养非语言性思维是设计通识教育的最重要的理由：它加强并关联了幼儿整个非语言教育的过程，改善了儿童思维的敏锐度。至此，支持设计通识教育的根本理由已经确立，设计通识教育不是职业教育或兴趣教育，也不在于培养出知识渊博的消费者，虽然设计通识教育确实能起到这些作用。

## 设计学科
### The Discipline of Design

在英国皇家艺术学院"设计通识教育"项目研究成果的基础上，我进一步提出了我的观点：设计教育的核心是设计师式认知。第一，要解释设计教育中设计师式认知的概念，就必须探讨设计教育的真正价值，而不是与传统的职业设计教育相关的、以实用主义为目的教育价值。第二，设定了设计研究中的相关领域：设计师工作和思考的方式及其解决问题的方式。第三，基于以上论断，总结了设计通识教育的真正价值。

我定义了设计师式认知的五个方面：

- 设计师解决的是"未明确定义的问题"；
- 设计师式解决问题的模式是"解决方案聚焦"；
- 设计师式思维方式是"创造性的"；
- 设计师使用"编码"来进行抽象需求和具象形式之间的转换；
- 设计师使用"编码"进行读写，转换造物语言。

我出于以下三个观点支持设计通识教育：

- 设计能培养解决问题的技能，这些问题来自于现实世界，且未被明确定义。
- 设计能拓展形象思维能力。
- 设计培养非语言性思维和沟通、交流的能力。

在讨论中，一些新思路浮现出来。在过去 20 年的设计研究发展和过去 10 年的设计教育发展中，集中的关注点似乎就是设计学科（the discipline of design）。从普适设计的角度（design in general），研究者关注基于从业者的设计活动的普遍属性，帮助我们定义了部分的设计师式认知方式；教育者注重学习设计的过程对学习者价值的提升。研究界和教育界都注重发展设计的普遍原则（general subject of design）。

然而，要真正读懂设计这一学科还有很长的路要走——人们才刚刚了解这一领域的概况。French 在提到"培养非语言性思维是设计通识教育的最重要的理由"后，还指出了一些必然的困惑：

如果设计要成为一门学科，就必须达到一定的标准。它必须循序渐进地启发思维，让学生在相对明确的学习要点上获得思维训练（而且这种训练的成果是学生和老师都能明确感受到的）。但是，我们目前对设计学科的理解还不够深入，学术研究积累不足，而且缺少合适的教学素材，暂时无法达到这样的教学水平。我坚信，我们能努力弥补这一不足。

设计作为一门学科所开展的教育促使我们关注设计的本质：想要培养学生哪些方面的能力；如何组织教学工作来培养学生的能力。科学和人文领域常说的那句总结——需要进一步研究——在此也同样适用。对于设计教育，需要更多的探索：首先是设计师式认知方式；其次是与设计相关的人类认知能力——范畴（scope）、局限和本质；最后是如何通过教育来发展和提高这些能力。

像科学领域的研究项目一样，应该组建一个类似的项目，其核心是基础理论依据——在此，我的前提设定是，确实存在设计师式认知方式。围绕这一核心，我们建立起理论、要点和知识的关系网（我在本文中大概描绘了部分内容）。通过这种方法，设计研究和设计教育应该都能完善设计学科的框架。

# 第2章
# 设计能力的天性及其培养<sup>*</sup>

The Nature and Nurture of Design Ability

  本章分为两个部分。第一部分阐明设计能力的天性是某种特定的思维和行为方式，普罗大众和设计师一样也会应用与生俱来的设计能力来解决某些问题。第二部分涉及设计能力的培养，以及通过设计教育发展设计能力。我的观点是，只有先了解了设计能力的天性特点，才能对学生进行更好的培养——让天性和培养相辅相成。在研究中，我不打算钻心理学的牛角尖。心理学在讨论一般智能（general intelligence）时通常会将天性和后天培养严格区分开来。事实上，我认为设计能力是与生俱来的，是人类智能的几种根本能力之一。因此，设计教育应该成为人们所接受的基础教育的重要组成部分。

---

*本章内容最初作为英国开放大学设计研究教授就职演讲发布，首发于《设计研究》第 1 卷，第 3 期，1990 年 7 月。

# 天性
## Nature

### 设计师是做什么的？
### What Do Designers Do?

我们被物质世界所包围，衣物、家具、电器、交通系统，甚至大多数食物都出自设计师之手。设计师设计了这些有用的、高效的、充满想象力的，或是让人眼前一亮的物品，影响着我们生活的点滴。他们的设计能力对所有人都至关重要。因此，在讨论设计师如何培养设计能力前，我们首先要了解设计师是做什么的。

从狭义的角度来讲，设计师的工作就是为生产商提供新产品的设计方案。设计师具体描述出新产品的外观尺寸、材料、表面工艺及颜色等。这个过程并不需要生产商的过多参与。客户找到设计师做设计，其实就是要设计师提供一份产品方案说明——所有的设计活动都围绕这一目标展开。

设计师需要做的就是将这份产品方案清晰明了地呈现出来。通常情况下，设计师以绘图的形式给出此产品的外观和细节。即使是一份惊世骇俗、充满想象力的产品方案也离不开基本的画稿，例如，效果图、一系列局部细节图，等等。

有时候，需要制作全尺寸的实物模型来清晰准确地表达产品方案。例如，在汽车设计行业，需要制作 1:1 的油泥模型才能有效表达复杂的三维形态。然后将模型的数据输入计算机系统，进行数字化建模，以生产模具，铸造出车身部件。在设计和制造过程中计算机的使用日渐普及，已经很大程度上改变了原来的设计师与制造商之间的沟通方式（传统的细节效果图现在几乎不再使用）。

在将最终定案提交给生产商之前，通常要将一些备选方案反复测试，以挑选最合适的方案。设计师的一项重要工作就是设计方案的评估。此时也许需要进行全尺寸模型制作——制造业使用模型来进行美学评估、人机工程学评估和用户选择测试。小尺寸三维模型更是被普遍用于多个领域，如建筑设计和化工厂厂房设计。

然而，各种设计图纸仍然是设计评估阶段使用最广泛的建模方式——从设计师天马行空的思想到尺寸的确定和材料压力的计算，等等。在设计评估阶段，我们还会应用大量的科技手段。建模、测试和改进的过程是设计流程中的核心迭代过程（译者注：这三个过程循环执行，直到定案）。

在测试方案之前，来探讨一下设计方案是如何产生的。提出设计方案是设计师最基础的行为；设计方案的好坏是设计师得以闻名于世或者不为人知的原因。虽然说设计往往意味着创新，但大多数普通设计师只是在对原有设计进行改良。草图在方案产生阶段非常重要，虽然在最初阶段，草图不过是设计师"拿着铅笔思考"的产物，并且也只有他们自己看得懂。

　　设计中的思维是多方面和多层次的。设计师系统地思考客户提出的设计需求和标准，思考技术和法律（专利）问题，思考自我标准（设计方案中的审美标准和内容形式）。通常，客户提出的设计需求模糊不清，只有在设计师提出各种可能的解决方案后，客户需求和标准才慢慢变得清晰。设计师的初始概念及首次对问题的解读和陈述往往至关重要，随之而来的才是备选方案、测试和评估，直至最终定案。

## 设计研究
Studies of Designing

　　尽管设计活动非常常见，但设计能力的天性似乎并不为人们所了解。它是神秘的天赋么？多年以来的设计研究对设计师工作和思维方式的了解进展缓慢。有些研究的基础是设计师自己的报告，另一些研究来自对设计师工作的观察，以及基于口语分析的实验研究。

　　这些研究通常是验证设计师个人对设计实践发表的个人看法，但也增加了对设计天性的解释。例如，这些研究屡次证实了设计活动的一个特性：设计师非常重视那些初期的且带有推测性的解决方案。Marples 在他的机械设计案例研究中提到：

只有对设计提案进行不断地推敲，才能得到设计问题的准确属性。如果仅仅对一个提案进行推敲，结论会有失偏颇——至少针对两个完全不同提案进行推敲，才能分析、比较设计中的局部解决方案，从而让真实、确切的问题框架慢慢浮出水面。

Marples 的观点强调了推测设想的作用——有利于设计师深入理解设计问题、设计需求，从而在对问题不断分析的过程中产生多个解决方案。Darke 在她与建筑设计师的访谈中确认了这一观点。她观察到设计师通过设定一系列的目标或特定的方案概念作为基本的突破点来产生初始解决方案：

在设计流程的早期，设计师对多种方案进行筛选，逐步缩小甄别范围，推测出可选方案。对该方案进行测试，能对设计问题做更进一步的理解。

使用"方案-设想"的方式来对设计问题进行再次定义，是设计师的自由，也是他们工作的必要过程——Akin 通过建筑设计师口语分析（译者注：口语分析是心理学研究方法，也称出声思维法，是一种由被试者大声地说出自己在进行某项操作时的想法来探讨认知过程的方法。目前，口语分析也是探讨设计思考和行为的重要工具）研究也提到：

设计行为的一个独有特征是，持续产生新的任务目标并重新界定任务的范围及约束条件。

设计行为的属性应该来自于设计问题的特点：设计问题不会提供解决问题所需的必要的有效信息。只有通过提出解决方案并对方案进行测试，才能找到所需的信息；有些信息，或者说"丢失的素材"甚至来源于设计师自己（Levin 在其对城市规划设计师的观测报告中提出）。Levin 认为，这种额外添加的素材往往是一种排序原则，因而可以在设计作品中发现明显的形式特征，如将城镇设计成简单的星形，将茶壶设计成常见的圆柱状。

但是，提出一系列可选方案，从而深入了解设计问题，对设计师来说也并不是一份轻松、简单的工作。它们的排序原则或者基本的突破点有时可能是不得当的，不过设计师通常不会轻易更改它们，因为推倒重来似乎更难。Rowe 通过建筑设计案例研究发现：

最初的设计思路对后来的问题解决方向具有决定性的影响……甚至当设计的推进遇到多个困难时，设计师仍然倾向于努力证实初期的设计思路是正确的，而不是因此而转变设计的切入点。

这种"坚韧不拔"的精神可以理解但并不值得推崇。前文提到，尝试多个可选方案，是真正理解设计问题的必要手段。然而，Waldron 通过对工程设计的案例研究，更乐观地提出了设计过程中的"自我修正"：

用于产生初期概念的前提条件，往往在随后的调查研究中被证明是完全（或至少部分）错误的。然而，这些前提条件提供了一个必要的出发点。后续的工作是在不断地廓清和修正前期的工作，所以可以将整个过程看做是自我修正的过程。

以上这些研究清晰地表明，建筑设计师、工程师及其他设计师解决问题所使用的策略是基于"产生和测试可能的解决方案"。Lawson 在一次基于解决特定问题的实验中，比较了建筑设计师和科学家运用的策略，找到了这两者显著的不同点，即前者运用的是解决方案聚焦的策略，而后者则运用的是问题聚焦的策略。

在另一辅助实验中，Lawson 发现，他们在策略选择上的差异产生于教育阶段；他们在大一新生阶段并没有明显差异，在研究生阶段的差异却已经非常明显。由于常常面对各种各样的问题，建筑师在他们的设计教育阶段习得了解决方案聚焦的策略。这一推测的根据是，这些设计问题常常是未明确定义的。若像科学家那样去试图定义和全面了解这些问题，则不太可能在有限的时间内产生合适的解决方案。

理论研究已经强调了科学式和设计式解决问题的方法有着很大的差异，正如 March 指出的那样：

逻辑探究的是抽象的事物，科学探究的是客观存在的事物，而设计则创造了新的事物。一个科学假设绝对不同于一个设计假设，一个科学命题也决不能与一个设计提案相混淆。设计中的推理决不能被定义为逻辑推理，因为其推理模式本身包含着溯因的成分。

溯因推理的概念来自于哲学家 Peirce。他认为溯因推理与人们所熟知的归纳（inductive）推理和演绎（deductive）推理极其不同。Peirce 提到"演绎是从一般到特殊的推理方式，得出的结论一定正确；归纳是从特殊到一般的推理方式，结果不一定正确；而溯因则仅仅是解释已知事物的过程，是推理到最佳解释的过程。换句话说，溯因推理是开始于事实的集合并推导出它们的最合适解释的推理过程"（译者注：哲学家 Peirce 将溯因推理纳入与演绎推理、归纳推理并列的推理范畴。溯因推理是横向比较的，而非线性的，它的推理过程是通过对象与样板间的关系比较进行的）。所以溯因推理（abductive reasoning）是一门推测性的逻辑。而学者 March 更喜欢用有效性推理（productive reasoning）这一名词，另外，学者 Bogen 则喜欢使用同位性推理（appositional reasoning）。以上三种都用来说明设计认知及思维过程的独特性。

因此，我们将采用解决方案聚焦的策略和有效性推理或同位性推理的思维方式来解决未明确定义的问题的能力称为设计能力。当然，设计并不局限于用来解决未明确定义的问题。Thomas 和 Carroll 在其一系列设计实验和口语分析研究中总结道：

设计是解决问题的一种方式，问题解决者认为设计问题的目标、初始条件和正常的（问题或条件）转换是未明确定义的。

当然，设计的过程也非常依赖草图、图纸和模型这些辅助工具。它们有助于产生解决方案，能够帮助设计师思考设计问题和提出解决方案。Schön 称这一过程为"情境反馈对话"，他通过观察设计辅导教师的工作提出：

通过草图，（设计师）依据自身对设计问题最初的认识，建立了设计情境，设计情境会反馈给设计师一些信息，设计再根据这些信息作出反应。

从而，设计能力根本性地依赖于利用非口语的媒介（草图、制图和建模）进行思考和交流，甚至我们对设计能力进行语言描述，可能也会受很大局限。Daley 提到：

设计师的工作方式难以用语言描述，并不是因为它具有某些传奇性和神秘性特征，而是因为设计过程不属于语言论述的范围，甚至可以说无法用语言来形容和描述。

对设计研究者来说，这一结论真让人焦虑。然而，这一设计研究的摘要评论至少总结了设计能力的一些核心属性，即设计能力包含以下能力：

- 解决未明确定义的问题；
- 应用解决方案聚焦的策略；
- 使用溯因性/有效性/同位性的思维；
- 使用非口语的图形/空间建模媒介。

## 人人都会设计
Design Ability is Possessed by Everyone

职业设计师理应具有突出的设计能力，不过即使不是设计师也至少具有部分或较低水平的设计能力，比如人人都需要就衣服或家具作出搭配选择——虽说在工业社会,这种选择能力仅限于对已由他人设计好的产品作出挑选。

然而，在其他社会形态中，特别是在非工业社会中，专业设计能力和业余设计能力似乎没有清晰的区别——那时还不存在职业设计师。在手工业社会中，手工艺者制作出了精美又实用的作品。似乎他们已经具备了高水平的设计能力——虽然此时的能力更多的是集体智慧而非个人能力：手工制品往往伴随着历史的长河，发展得越来越美观、实用，体现了代代相传的形式感。

即使在职业设计师众多的工业社会，仍然能看到本土设计/民间设计（vernacular）（译者注：基于当地需求，就地取材，反映当地文化和传统）延续的例子，像手工制品一样提示着事物的固有原则。偶尔会有一些淳朴设计进入大众的视野，具有某些淳朴艺术的优良属性。其经典案例"瓦特塔"是 19 世纪 20 年代到 50 年代，Simon Rodia 在其位于洛杉矶的家庭后院中建造的稀奇古怪的景观作品。在建筑与规划设计中，已经有通过设计公共性的社区建筑将非专业设计人士引入设计流程的情况。虽然这种尝试并不一定都能成功，但不管从设计流程还是产品设计本身来讲，至少都认为专业设计师能够且应该与非专业人士进行合作。设计知识绝对不是专业设计师独有的。

另一现象也很好地说明了设计能力的广泛性：在拥有设计学科教育的学校中，各个年龄层的儿童都在他们的设计作品中展现出了突出的设计能力——很明显，设计能力是每个人与生俱来的。

## 设计能力被破坏了？丢失了？
Design Ability Can Be Damaged or Lost

虽说设计能力在某种程度上是普罗大众都具有的能力，但很显然，并不是每个人都具有设计能力所必需的认知功能（这一功能可能被损害或者丢失）——这一结论被神经心理学的一些实验和观察研究所证实，特别是在一些被 Gazzaniga 称为"脑部分区（split-brain）"的研究中。

这些研究表明，大脑的两个半球在认知事物和具备的知识两方面都有各自的特征和倾向性。通常情况下，大量的神经纤维束（胼胝体）连接左右两侧大脑半球并进行信息传递，从而要对单个脑半球进行隔离研究就不太容易。然而，为医治癫痫，一些人的胼胝体被外科手术分离，从而为研究脑半球独立功能的实验提供了良好依据。

通过对某些脑半球单边受损人士的研究，已经了解了脑半球分工的某些情况。大体来说，这些研究都证实了大脑左半球毫无争议的重要性——它控制语言功能，以及与逻辑思维密切相关的语言推理功能。而大脑右半球似乎并不具备如此重要的功能。确实，大脑右半球被认为是次要的辅助性脑半球，大脑左半球才是主导性的脑半球。然而，两者在身体控制方面则是平分秋色的：大脑左半球控制身体右侧，大脑右半球控制身体左侧，这一点除了造物主没人能解释原因。

这种左右交叉意味着左侧身体的感官反应与大脑右半球相通，右侧身体的同理。这也适用于更复杂的视觉反应。就双眼而言，并不是简单的左眼与大脑右半球相通，右眼与大脑左半球相通，而是从（身体）左边得到的视觉感知与大脑右半球相通，反之亦然。某些实验则经过特别设计，让视觉感知仅仅与大脑左半球或大脑右半球相通，以此来研究脑部分区。

这些实验表明，单独分开的脑半球能接受并且"了解"信息片段（separate items of information）。实验研究者感兴趣的问题是，如何明确哪些信息才是单独的脑半球真正知道和可以处理的。大脑左半球自然能通过语言让我们了解它可以识别的信息（控制语言沟通），但大脑右半球就做不到了。一些实验者为解决这一问题，设计了如下实验：使用视觉方式将文字或图片传达到大脑右半球，然后让大脑右半球向左侧身体发出指令——使用左手触摸与文字或图片相匹配的物体。

通过这些实验，Blakeslee 等神经心理学家对大脑右半球的功能和作用有了更深入的理解。即使是哑巴，当然并不意味着是傻瓜，也能像正常人一样用大脑右半球感知和认知事物，而大脑左半球却无法做到这一点。通常，这称为直觉。大脑右半球擅长审美和表达情感，还擅长脸部和物体的识别、完成视觉空间和构造性的任务。因此，这些科学而理性的证据能够支持我们凭直觉了解自己，也能支持"艺术家和多数设计师的语言表达会阻碍凭直觉进行创造"这个观点（语言表达是由大脑左半球控制的）。

损伤大脑右半球会削弱与直觉、艺术和设计能力有很大关系的脑功能，如绘图能力。这已经被相关研究证实。经典的例子就是，一个大脑右半球损伤的艺术家能将放在他面前的一部电话机正确无误地画出来，但是他无法凭借记忆画出同样的东西，而是根据推导来画出他认为这个东西应有的形状——产生奇怪的新的"设计"。有关脑部分区课题的研究表明，通常情况下，他们用左手绘画比用右手绘画更好（即使不是天生的左撇子）。对大脑右半球的功能认知已经被 Edwards 有效地应用到了艺术教育中，他训练学生用大脑右半球进行绘画。Anita Cross 已经注意到脑部分区的相关研究并将其用来改善人们对于设计能力的理解。

当然，认知类型的心理学研究已有很长的历史，通常用逻辑学中的二分法表示：

- 收敛的—发散的；
- 聚焦的—灵活的；
- 线性的—横向的；

- 序列的—整体的；
- 命题的—同位的。

这种自然的二分法可以反映以人类大脑的双重结构为基础的明显的双重信息处理模式。Cross 和 Nathenson 已经意识到理解认知类型对于设计教育和设计方法学的重要性。

## 设计作为一种智力形式
Design as a Form of Intelligence

我试图展现设计能力这种认知技能的多面性，从某种程度上说，每个人都拥有这种能力。有足够的证据证明设计能力是一种独特的设计师式的认知、思维和行为。事实上，有可能得出合理的结论是，设计能力是一种自然智能的形式。心理学家 Howard Gardner 对此表示认同。Gardner 认为人类智力形式不止一种，而是有相对独立的 6 种：

- 语言的；
- 逻辑数学的；
- 三维空间的；
- 音乐的；
- 身体美学的；
- 个人特质的。

从某种程度上说，设计能力的某些部分通过以上 6 种形式进行传播，然而这一论断通常并不能让人满意。例如，Gardner将解决问题（包括在脑中想象的方式）的过程中的空间能力归到三维空间的智力，却将许多解决实际问题方面的能力（包括一些工程设计的案例）归为身体美学的智力。在这种分类方式中，发明家与舞蹈家和演员归为同类，这似乎并不恰当。因此，将设计能力以一种智力形式独立出来更合理。

Gardner 提出了一套标准，与"一种独特的智力形式是可评判的"这一观点相反。这些标准如下，并附上了我结合"设计智力"这一概念对它们进行反驳的观点。

**脑部损伤引起的潜在性隔离。**Gardner 试图建立基于脑中心隔离的多元智力形式。这意味着脑部损伤会破坏（分离）各种特定的脑部功能。这些设计智力的证据来自对脑部分区和脑损伤病人的研究，表明了几何推理、三维问题解决和视觉空间思维这些能力确实由脑部特定的区域控制。

**存在白痴天才、奇异事件和其他异常个体。**这里，Gardner一直在为反应迟钝或发育滞后个体的独特能力寻找证据，凭借这种独特的能力，他们有时会表现得优于常人。设计领域中确实存在这样的案例，如非常普通的一个人却拥有超强的能力，能够将自己的居住环境设计得非常漂亮——这就是"天生的"设计师。

**一种（或一组）明确的核心运算方式**。这里，Gardner 指的是一些基本智力信息处理操作，以处理特殊类型的输入。在设计中，可能就是，先输入问题概要，再转换，并输出预想解决方案的运行过程，或是作出可替代解决方案的能力。Gardner 认为，"计算机模拟是一种有前景的方式，它能够建立这样一种存在的核心运算方式"。因此，使用计算机人工智能生成设计方案，有助于明确天生的设计智力这一概念。

**一段独特的发展史和一系列确定的专业级的最终表现**。这意味着可以评定个体的发展水平或专业技术级别。毫无疑问，设计专业的初学者和专家存在着明显的差别，设计专业学生之间的发展阶段也不同。但是，我们仍然期待能够阐明设计能力的不同发展阶段，设计教育对此有迫切需求。

**进化史**。Gardner 提出，智力形式必须通过进化的经历才能产生，那些与人类之外的生物共同拥有的各种能力也是如此。在设计能力方面，确实有动物和昆虫打造居住环境并进行设计和使用工具的例子；我们也有从地方性的工艺技术中汲取灵感进行现代创新设计的传统。

**对符号系统编码的敏感性**。这条标准寻求一种连贯的、文化共享的符号系统，它能采集与智力形式相关的信息并进行交流。毫无疑问，我们在设计中使用了草图、绘画和其他模型工具进行思考和交流，这些工具构成了连贯的符号介质系统。

**来自实验心理学的支持**。Gardner 试图证明在不同语境之间进行转换的能力。这些语境是由记忆、注意力或知觉的特定形式构成的。我们对设计行为或设计思维的心理学研究不多，但是在解决方案聚焦的思维方面的研究已经被证实。在这方面还需要做更多的工作。

如果用这套标准去判定设计智力可以作为一种独立的形式出现，或许论据还不够充分。虽然有满足大部分标准的充分论据，但还是不够充分。然而，我认为可以将设计看做是一种"智力形式"，这有助于认定并阐明设计能力的天性特征，也为理解和培养设计能力提供了框架。

# 培养
## Nurture

### 学习设计
### Learning to Design

如何学习设计？设计教育应该建立在怎样的基础理论之上？显然，一些设计能力的发展主要发生在学生身上——肯定是发生在第三阶段的专业教育期间。我们可以将同一个学生每年的课程作业进行对比，从一年级学生的粗糙、简单作品发展成为最后一年的复杂综合作品。但是，我们对培养学生设计能力的教育过程知之甚少。其实设计教育过程很大程度上是基于项目的培养方法的。

在工业化以前的社会中，确实没有设计教育这回事。人们在学习交易技巧时学习制作产品，在给手工艺大师当学徒时学习如何复制产品。在很多方面，设计教育的旧传统来源于基于师徒制的艺术学校。学徒与手工艺大师联系紧密，学习如何设定问题并对此给出反馈，产品和过程都是可预见的。

现代工业设计教育的形成归功于包豪斯（Bauhaus）设计学院的实验性教学——包豪斯设计学院是存在于 20 世纪二三十年代德国的一所设计学校——特别是由 Johannes Itten（伊顿）引进的激进的"基础课程"。 如 Anita Cross 提出的，许多基础课程的教育准则源于教育领域的创新者所做的工作，如 Froebel、Montessori 和 Dewey。包豪斯设计学院也将美学文化，如舞蹈、戏剧和音乐与设计教育进行整合，就像整合技术和文化一样。Itten 自己将体育运动与他的课程合并，比如，要求他的学生在尝试徒手画圆前做摆动手臂和旋转身体的运动。他和其他导师还鼓励进行触觉感知训练，并且利用随意收集的废旧垃圾和其他材料进行拼贴画的制作。根据目前对大脑右半球的思维模式的发展所知，那些非语言的、触觉的及类似的经验直觉都是设计教育的正确方面。

包豪斯设计学院的大部分创新教育如今在传统的设计教育中已经严重缩水了，仅仅保留了一些色彩、造型和构成的训练。纳粹在 1933 年关闭了包豪斯设计学院之后，除了 20 世纪 60 年代的乌尔姆设计学院，再也没有哪所学校能在设计教育的课程开发创新上与之匹敌。

通识教育中特别重要的是教师对培养学生的能力要有透彻的理解。在大学的职业教育中，如果学生能够通过课程获得进入职场的相关能力，就说明教师在教育过程中取得了成功。职业教育中教育与培训两者间的区别可能比通识教育中两者间的区别更不明确。通识教育中没有特定的职业目标。职业教育有目的性或外在的目标，而通识教育以有利于个人天性发展为目标。

我认为只有理解了设计能力的天性，才能够理解设计教育的真正价值。例如，可以尽力说服大家相信设计能力是以解决未明确定义的问题为目标的——完全不同于其他课程领域，其他课程领域以解决明确定义的问题为目标。也可以坚持设计师的解决方案聚焦的策略和同位性思维方式，以此来推动特定认知方式的发展——在教育用语中，具体的/标志性的模式

（concrete/iconic modes）通常被假定为初期的或少数的认知模式，其重要性远远不及正式的/符号的模式（formal/symbolic modes）。此外，在整个非语言的思考和交流的发展中，存在对设计教育价值的合理解释。

## 开放的设计教育
Design Education in the Open

尝试在英国开放大学进行远程设计教育，对我们来讲是一个极大的挑战。首先，我们确实不知道如何通过全新的远程学习系统进行设计教学。该系统包括教学文本、电视、收音机，还有许多计算机和信息技术。也有其他人有同样的疑虑：他们认为远程设计教育是行不通的，对传统设计教育中的面对面或画板上的教学更有信心。然而，英国开放大学许多学生的设计作品表明了远程教育课程也能像传统课程一样促进设计能力的发展。这也越来越清楚地表明开放式的设计教育能够提供一种全新的、通用的教育模式，更加适合于我们面临的后工业化社会及其技术情况。

我认为要形成一个通用且开放的设计教育体系，就要具有以下四个关键点：易于理解、无处不在、连续和显性。

让设计教育变得易于理解，意味着人人都能获得设计教育。在许多国家，设计教育现在是通识教育的一部分——人们从小就

接受设计教育。这表示设计教育不再只是为就业做准备，而是
人类智力发展过程中获取真正价值的途径。设计已经成为个人
和集体智力文化的一部分，就像文学、科学或数学一样；设计
能力也已经成为人类基本能力的一部分，就像阅读、写作和算
术能力一样。

让设计教育变得无处不在，意味着随时随地都能接受设计
教育。信息技术、计算机和互联网技术促进了社会、文化和经
济等方面的发展，也让设计教育变得无处不在。不再需要受教
育者亲身到设计工作室接受专业训练和课程教育。虚拟工作室
和虚拟大学全天候面对全世界的每一个人开放。

正所谓"活到老，学到老"，易于理解和无处不在也说明了
在人的一生中，教育必须是可持续且有效的。现在，教育被认
为是一辈子的事情，在技术和知识快速发展的后工业化技术时
代，任何年龄阶段的人都可以接受教育。不论是出于个人的选
择或者是为了跟上时代潮流，接受教育能使自己变得见多识广。

正因如此，设计教师需要设计一套全新的设计教育方法，
并对设计教育作出更加明确的定义。近些年不断增加的对设计
教育的关注，已经暴露出我们缺乏对设计教育的明确定义及正
确理解。

设计教育的后工业化观点认为，设计教育要培养学生潜在

的固有能力，就必须对此有根本性的认识。我们需要一个稳固的基础作为出发点，对传统技能之间的关联性提出疑问。我们已经跨越了工业化以前设计的师徒制体系，还必须改进不成熟的工业设计教育体系。我们需要将设计教育建立在来自教育学、心理学和认知科学等成熟理论及设计研究的基础上，还需要为创新设计教育建立更强大的实验基础。

## 设计能力的发展
The Development of Design Ability

每个人或多或少地具有设计能力，但有些人看起来要强于其他人，而且设计能力的发展似乎与经验有关。经验丰富的设计师能够吸收设计领域中前辈们的知识，也能够快速判断问题并对此进行深入探索。他们还会利用设计初期的解决方案进行试验和探索，帮助确定问题的相关信息。相比之下，设计新手通常会在他们开始提出解决方案之前就陷入试图理解问题的困境中。

设计新手与设计专家的另一个区别就是，设计新手经常利用深度优先（depth-first）的方法解决问题——连续地确定问题和全面地探索局部细分方案，并且积累许多需要自下而上（bottom-up）进行合并和调解的局部细分方案。设计新手会陷入某个看似可行的解决方案，"无法自拔"。设计专家通常采用宽度优先（breadth-first）和自上而下（top-down）的策略，并且会果断放弃一个初期的存在缺陷的解决方案。

传统的问题求解思路似乎与设计专家的行为相互矛盾。设计过程与传统的问题求解有很大的不同，传统的问题求解中的问题对应的是一个唯一正确的解决方案。因此，必须要非常慎重地把其他领域的行为模型引入设计教育中。针对设计活动的实证研究已经多次说明设计能力中的直觉特征是最有效的，并且和与生俱来的设计天性不无关系。然而，一些设计理论却试图为设计行为提出反直觉模型及方法。我们依然需要更深入地理解设计中的专业知识构成，并且思考如何才能帮助设计新手获得那些专业知识。

相比包豪斯设计学院鼓励的艺术的、凭直觉的设计流程，近些年设计教育专注于传授更加理性的、系统的方法。设计能力的某些方面也已经被编入设计方法。没有这些方法，我们在英国开放大学的教学过程中将更难阐明设计能力的基础原理并传授相关知识。经验丰富的设计师通常以即兴的和无组织的方式进行设计活动，因此，有人声称学习系统的方法对学生帮助不大。然而，Radcliffe 和 Lee 的一个研究却表明系统的方法对学生有益。他们发现使用设计流程的高效程度（越接近理想的流程越好）与学生设计作品的数量与质量成正比关系。其他的研究也证实了此结论。

设计是一种熟练行为的表现形式。通常来说，任何一样技能的发展都依赖于严格的训练和技术发展水平。一个技术熟练的从业者在执行计划时可以做到游刃有余，能够根据环境变化毫不犹豫地作出调整。但是学生的学习过程与真实的实践过程不同，学生需要在严格执行技术和程序的情况下才能确保不出差错。因此，设计类学生应该基于简单而有效的技术或方法，掌握一种能够应用整体设计流程的策略方法。我希望，通过坚持不懈地研究设计能力的天性和设计能力的培养，使设计教育成为每个人开发设计能力的可靠方法。

# 第 3 章
## 设计中的自然智能与人工智能*

Natural and Artificial Intelligence in Design

俗语云,"人工智能的反面是自然愚钝(natural stupidity)"。当我们面对生活中的挫折时,许多人认为那些建筑设计师、产品设计师和软件设计师确实在他们的作品中留下了自然愚钝的证据。但是在本章中,我希望将设计中的人工智能(AI)与优秀设计师所拥有的自然智能联系起来,与自然愚钝无关,其实在一定程度上人人都拥有这种自然智能。我的出发点是人人都是设计师,而且一些人是非常优秀的设计师。

设计是所有人都会做的事情,它是人类区别于其他动物的标志。设计能力是人类智能的一部分,是一种天性,并且广泛存在于人群中。人类的设计能力由来已久,史前文明的手工艺

*本章内容首次公开于 1998 年葡萄牙里斯本的"设计中的人工智能( AI in design )"大会,并且以题为"设计中的自然智能"发表于 1999 年的《Design Studies》,第 20 卷,第 1 期,第 25~39 页。

品、地域性设计和传统工艺的传承发展都是有力的证据。这些证据来自世界各地不同的文化，也包括儿童像成年人一样创作的作品，说明人人都拥有设计能力这一事实。

但是我们也发现，有些人会在设计上脱颖而出。从设计师作为独立的专业人才出现开始，一些人在设计能力方面远远超过其他人——或者凭出众的天赋，或者通过社会和教育的培养。事实上，一些人确实比其他人更擅长设计。

但是机器是否能做设计？这当然是专注于设计人工智能的研究人员所关心的一个问题。这也是我稍后要谈的问题，但是本章首先要介绍众所周知的设计的自然智能，尤其是关于那些设计能力突出的人的。

## 设计思维的研究
Research in Design Thinking

多年来，我们对设计能力的研究进展慢得有点令人尴尬，但值得肯定的是我们在进步。这个研究领域的开篇论文是由Marples 在 1960 年研究工程设计师的成果。10 年后，也就是 1970年，Eastman 也首次对建筑师做了口语分析研究。20 世纪 70 年代是设计研究领域首次取得重大突破的时期。我在《设计方法的发展》一书中收集了一些早期设计研究的案例，还在后来与人合著的《设计思维的研究》中进一步对此做了回顾。

用于研究设计思维本质的各类方法主要包括以下几种。

**设计师访谈**

访谈的主要对象是那些以出色的设计能力得到认可的设计师，方法上通常采用非结构性访谈，试图探究他们对设计中流程和步骤的反思，或者讨论某个典型的设计作品。具体研究案例请参考 Lawson、Cross 和 Clayburn Cross 等的文章。

**观察和案例研究**

这种方法通常是在某个时间点聚焦于一个典型的设计项目，观察者会记录项目的过程和发展情况。我们使用了参与式和旁观式的观察方法，研究了各种各样真实的、虚构的，甚至是重构的设计项目。具体案例可参考 Candy 和 Edmonds 的文章，以及 Galle、Valkenburg 和 Dorst 等的文章。

**口语分析研究**

因为记录口语有严格的要求——要详尽地记录包括"有声思维"，以及研究对象在执行一组设计任务时的所有行为动作，所以口语分析研究这种比较正式的研究方法通常用于研究虚拟项目。我们用这种方法对没有经验的设计师（通常是学生）和有经验的设计师进行了研究。具体的案例包括 Lloyd 和 Scott、

Gero 和 McNeill 等的文章，以及代尔夫特口语分析工作坊(Cross
等)。

### 反思与理论化

正如前面提到的各种实证研究方法，针对设计能力这种天
性所展开的理论分析研究与反思已经有了相当长的历史。具体
案例请参看 Simon 和 Schön 的文章。

### 模拟试验

研究人员利用人工智能技术，尝试模拟人类思维进行研究
是目前相对较新的发展方向。虽然人工智能有意要取代人类思
维，但是人工智能的研究也在努力找寻读懂人类思维的手段。
1991 年以来，"设计中的人工智能"大会论文集收录了许多这类
案例。

因而，我们应用了一系列多样化的方法对设计思维展开研
究，从较抽象到较具体的调查方法，由真实的到虚拟的设计实
践研究。这个研究涉及了无经验的设计师（学生）、有经验的设
计师或设计专家，甚至是非人类形式的人工智能。所有的这些
方法都有利于研究人员深刻理解我所说的设计师式的思维方式
或设计的自然智能。

就个人而言，我尤其爱和顶级设计专家谈论设计，因为他

们能帮助我理解一个优秀设计师的思考方式。这种思考方式有别于他人的思考方式。因此，我将引用一些专家和优秀设计师的例子来阐明他们在接受访谈时对设计思维的观点。这些例子来自不同的设计领域——建筑设计、工程设计和产品设计，并且我将把他们的谈话与对好的设计思维天性的见解联系起来，这些见解也是设计研究人员多年来的积累。

## 设计专家说设计
What Expert Designers Say About Designing

Ludwig Mies van der Rohc（密斯·凡·德·罗）在 20 世纪 30 年代设计的位于前捷克斯洛伐克布尔诺的早期现代建筑 Tugcndhat House 是一个经典的设计案例。密斯说，客户在看了他以前设计的一些较传统的房子之后就接受了他。据 Simon 记载，当时交付设计方案时发生了一件趣事，密斯说：

客户一开始并不太高兴。但是，在我们一起抽了些上等雪茄，喝了些莱茵酒后，他就喜欢上这个房子的设计了。

这个例子教会了我们重要的一点，设计需要艺术修辞（译者注：指的是设计师需要通过一定的手段向客户解释设计，使客户满意地接受设计方案）。我的意思是设计具有创造性。大家可能和我有同样的经历——比如，你去 4S 店买车，本打算选择实用低调的车型，最后却选了一辆不实用的奢华款！最著名的例子就是索尼公司设计的随身听，在看到它之前，谁都无法确定自己是否想要。

从设计的修辞性这个意义上来说，设计师在构建一个设计方案的过程中，构建了特定的争议性内容，然后会发展出一个经过验证的最后结论，因为设计方案的构建本身就是反预知目标和反权威的（译者注：设计本身就是具有探索性质的创新活动，没有权威性的标准，目标也是不可预知的）。优秀建筑师 Denys Lasdun 已经对设计的修辞特性作了总结：

我们的工作并不是给客户想要的，而是给他做梦也没想到的；当他得到时，会发现这就是他梦寐以求的。

这是一个看似傲慢的言论，但我们能发现客户确实希望设计师拥有超越平庸的能力，做出令人眼前一亮的设计。这意味着设计是具有探索性的，而不仅仅是针对给出的问题寻找最佳解决方案。具有创造性的设计师会把设计概要看做是一种对未知领域的探索，而不仅仅是对设计做叙述说明，而应该以一种对未知领域进行探索的方式，设计师开始探索新的东西，而不是回到另一个已经熟悉的旧例子。

家具设计师 Geoffrey Harcourt 在描述他的那些独特设计是如何产生的时候，也提到了在设计过程中，问题与解决方案之间的模糊性和不稳定性。

事实上，我提出的解决方案根本不是针对问题而提出的，但是当这把椅子真的完成时，会发现我的设计从另一个完全不同的角度完美地解决了问题。

他的观点提到了设计思维中人的知觉的内容，就像在著名的"花瓶-人脸双关图"的认知实验中，人们首先看到的是花瓶，然后才是人脸。这个认知实验说明了设计的特征是逐步地显现在假设性的概念方案中的，而且很明显的就是，这种设计特征的显现过程就是发展中的解决方案概念与发展中的问题进行匹配的过程。也就是说，设计过程中的解决方案与问题是共同发展、相辅相成的。

设计问题难以被明确定义，意味着它不可能简单地通过收集并综合信息来解决，建筑师 Richard MacCormae 在 1976 年对此进行了观察：

我认为仅仅通过收集信息并希望将其综合成一个设计解决方案是不可能的。问题总是在你试图解决它时才慢慢变得清晰。

MacCormac 认为，在设计活动开始之前，所有相关信息是不可预知且不确定的。设计领域的探索方向会受到设计过程中知识更新和部分未来趋势研究的影响。换句话说，设计的机会主义特性决定了设计探索途径的不可预测。

设计师对独特的、充满惊喜的创造性设计活动习以为常。谈到设计思维，就会提到直觉在设计推敲过程中所起的作用。例如，工业设计师 Jack Howe 也提出：

我相信直觉，它是设计师与工程师之间的区别。工程师有别于工程设计师……但工程设计师与其他领域的设计师一样具有创造力。

设计是一项严谨、理性的工作，因此我的直觉论可能有点让人难以接受。但我认为直觉是一个通俗易懂的词，能很好地说明设计思维活动的特性。设计研究人员用"设计的引导性"这一概念来说明设计师的推理过程：这种推理过程不同于大家熟悉的归纳推理和演绎推理，它是设计必要的逻辑——是从功能到形式必要的但艰难的一步。

设计师的思维过程看起来连接了内在的思维过程、外在表现及草图表达。就像工程建筑师 Santiago Calatrava 所说：

从脑中的想法和空白的纸张开始，你开始画草图并组织安排相关事宜，然后一层一层开始做……整个过程是一个内在与外在的相互对话。

承认内部与外部表现之间存在着对话或交流是认同设计具

有反思性的一部分。设计师需要利用草图这种工具来表现不成熟的想法并且仔细斟酌：考虑、修改、发展、否定和返回重复，这是一个迭代的过程。

考虑到设计思维的复杂特性，建筑工程设计师 Ted Happold 所说的话几乎不会让我们感到惊奇：

我可能真有一种天分：即使生活中充斥着不确定因素，我依旧能泰然自若。

Happold 确实需要这种天分，作为建筑设计团队的负责人，主持设计过世界上最具挑战性的建筑，如悉尼歌剧院和巴黎蓬皮杜艺术中心。设计的不确定性包括了设计师从设计活动中获得的挫折和愉悦；他们已经学会面对设计的不确定性。设计师会构想出初期的试验性解决方案，但不会过早地下定论，会尽可能留更多的时间来斟酌解决方案。他们对解决方案的概念有信心，但也能接受结果不满意的情况，因为设计过程存在不确定性。

与设计师对话的最后一个收获是伴随创造性设计的冒险。赛车设计师 Gordon Murray 说：

这是真正能弥补孤独的东西，你坐下来并开始思考，然后努力实现你那疯狂的想法。

Gordon Murray 是一位 F1 赛车设计师。布拉汉姆和迈凯轮车队使用他独创的 F1 赛车赢得了超过 50 场的大奖赛和 4 个车手总冠军。他为迈凯轮车队设计的出色的 F1 赛车——公路超级跑车，也已经在好几个赛季的 GT 竞速赛中所向无敌。设计师必须承认原创设计的不确定性和高风险性，设计不是一份安逸的工作，也并不简单。我在前面提到的设计师都是取得成就且公认的专家，或是以勇于冒险著称的优秀设计师。

引用这些设计师的话，并用设计研究的相关概念来解释，主要是想说明两点。第一点，设计师本身并不经常用这些设计研究的相关概念，但我们谈论的是共同的经历和认知：满怀信心且严肃地讨论关于自然智能在设计能力方面的高度发展。第二点，我想说的是和设计师的对话讨论并不容易：我们讨论的东西都不是能用简单概念表达的。

我不想为设计营造一种晦涩的神秘氛围，只想强调设计的复杂性。虽然人人都会设计，但设计依旧是人类智能的最高形式。

## 草图在设计中的角色
The Role of Sketching in Design

为了更深层次地探究设计思维的复杂性，我分析了设计师使用设计草图（一种有助于他们思考的工具）的原因及方式。使用草图已经毫无疑问地成为设计过程的重要部分，但是我们需要探讨草图对于设计的重要性。这也是近来设计研究人员反复讨论和分析的课题。

我引用了 Santiago Calatrava 的例子来说明草图是作为设计师与他人对话的基本工具。那么到底为什么设计师需要画图呢？其实一个显而易见的原因是设计流程最终需要一张或一套能清楚表达设计目的的图纸。只有拿到了设计师提供的这份图纸，建筑商或产品制造商才能开始动工或生产。假如，设计师能根据新产品的概要说明，自己动手直接制作出最终模型，那么设计流程也没有存在的必要了。

或许设计中人工智能的研究目的就是，建立一个机器，能将输入的设计概要说明输出为设计图纸（也可能是其他数字形式）。但是人类还无法做到那一点。那么一套严格的设计流程是必需的，设计师能够依此逐步地生成最终的设计图纸，有时候也需要大量的设计草图才能实现。就像工业设计师 Jack Howe 所说的，关于如何启动一个设计项目或如何处理碰到的困难，"我会画草图——即使是勾勾画画的小图，以帮助自己理清思路"。探究"草图绘制与思考"的这个过程，有助于深入理解设计流程的本质和特征。

　　绘画和草图在设计中有着长久历史——必定远远早于文艺复兴,虽然从文艺复兴时起我们才看到大量绘画的兴起,同时设计物变得越来越复杂新奇。达·芬奇的很多关于机器的画作说明了绘画的目的是向人传达如何构造一个新产品,以及它将如何工作。达·芬奇的一些设计作品也表明,一幅绘画并不仅仅是沟通传达的辅助工具,也是一种思考和推理的辅助工具。Tzonis 认为,达·芬奇的防御工事设计稿展示了他如何使用边线和导弹轨线建立防御工事,以及绘画是如何帮助他逐步展开认知过程的。

　　相似的绘画和思考在现代草图中更为常见,比如,建筑师 Alvar Aalto 的草图(见图 3.1)。显然 Aalto 有时会使用随机绘画记

图 3.1　设计师 Alvar Aalto:卡雷住宅
（位于法国的巴佐什）的设计草图

号来刺激建筑形式的发展。但在这组设计草图中，我们看到设计师如何在草图的帮助下进行多维度思考——整体规划、立面图、局部图、细节，所有要素都被呈现在同一张草图上进行推敲和思考，旁边标注了对面积、体积甚至是花费的测算。

建筑师 Richard MacCormac 曾说，"绘画于我，是一个批判和发现的过程"。在设计草图中起草的概念被用于批判否定，而不是等待赞赏；它们是发现和探索活动的组成部分，这一活动就是设计。另一位建筑师 James Stirling 的草图(见图 3.2)再一次展现了设计师对整体布局和局部图的创作思考过程，而且三维立体图也使整个建筑浮现在眼前。另外，他还在草图中展现了另一些可供选择的设计方案，并对它们进行了批判更改，继续设计的探索之旅。

我们可能会问，为什么草图不简单地描绘一个解决方案就可以了呢？因为大量的备选方案都有可能成为最终解决方案，而且只有通过探索多个备选的解决方案才能找到设计问题的本质。

通过草图进行批判性、反思性对话具有一定的相关性，不仅在建筑设计中是这样，在高性能机械工程设计中也是如此。赛车设计师 Gordon Murray 谈到，他会画很多小草图，借此与自己对话——给小草图加些批判性注释，比如，太重、愚蠢、垃圾。

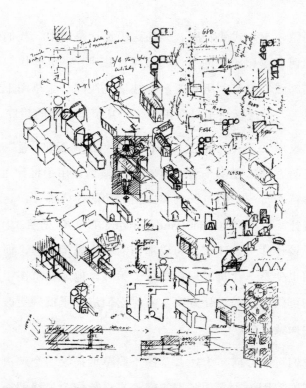

图 3.2　建筑师 James Stirling：Fogg 博物馆
（位于美国的波士顿）的设计草图

　　我们在看过这些设计师草图、听过设计师谈及为什么绘制
这些草图后，能从中学到些什么呢？可以明确的是，设计师能
够通过草图，同时处理不同程度的抽象化思考，并提取有效的
设计概念。

　　显然，绘制草图在设计过程中非常重要。我们看到设计师

考虑整体概念的同时还能考虑到贯彻整个概念的方方面面。显然，他们并不能考虑到全部的细节，否则，他们大可直接绘制包含细节的设计终稿。所以，他们借助草图来确定细节，然后对关键细节进行反复推敲，他们意识到这些细节可能会阻碍或者在一定程度上影响最终设计的表现。这意味着，虽然从综合概念到细节的确定都表现出层次等级分明的结构，但设计并不是一种具有严格层次等级的过程；在设计的早期阶段中，设计师自由地游走于详细程度不同的细节之间。

设计师能够很好地通过草图确定决定性细节，也能够通过它回忆与问题相关的知识。Richard MacCormac 曾谈到，"当你试图解决问题时，相关的内容才会渐渐变得清晰"。这些内容的信息量非常大，因为它包括了所有与可能的解决方案相关的内容，而任何一个可能的解决方案内部又有大量的相关信息以特定的方式相互关联并相互影响着。因此，这些信息和知识必须经过选择才能发挥作用，也就是说，设计师必须根据它们与解决方案的相关性进行删选，这样才能进一步推动解决方案概念的发展。

因为设计问题自身总是难以明确定义、难以结构化的，所以设计草图的另一重要特性则是，它们有助于设计问题的结构化。我们看到，草图包含着探索性方案的绘画，以及数字、符号和文字——这正是设计师罗列的与设计问题相关的信息，并以此形成某个解决方案。通过设计草图，设计师可以同步发展设计中的问题空间和解决方案空间，并专注于解决设计过程中配套的"问题-方案"组合。通过草图，设计师能够根据设计中问题和解决方案空间的限度和可能性，对约束条件和需求展开探索。

最后，正如多位设计研究者认为的，设计草图能够有助于识别并确定逐渐显现的解决方案概念的特征和属性。它们能够帮助设计师在解决方案空间里进行创意方案的转换（Goel 称之为"横向转换"）；它们能辅助设计师在"看见"和"看做"之间进行想法的交换（Goldschmidt 称之为"草图的辩证思维"），"看见"是反思性的批判，而"看做"是类比推理和对草图的重新解读，这能够再次激起设计师的创造意；另外，草图还能够帮助设计师发现无意识记录下的结果（Schön 和 Wiggins 称之为"与情境的反思性对话"，这是设计思维独有的特征），这种无意识的结果带来的惊喜能够使设计师继续对设计方案进行探索。

我确信，草图正是以上述这些方式和更多我并未提及的方式，帮助设计师进行设计思维的。在设计中，绘画就像一个扩音器，让我们"听"到了设计思维的过程，正如书写是我们思考和推理过程的扩音器一样。如果不进行书写，我们将无法很好地探讨和解决头脑中的想法；如果不进行绘画，设计师将无法顺利地探索和解决头脑中的创意。正如书写一样，绘画不仅是一个简单的外部记忆辅助工具，它能帮助和提升设计思维中特定认知任务下的思考。通过探讨草图在设计中的角色，我们确认了（我在前文中定义的）设计思维的多个方面，例如，探索的、机会主义的和反省性的特征。

## 机器能否做设计？
### Can a Machine Design?

让我们的理解跳出人类设计师的思维方式和设计中的自然智能，转向设计中的人工智能：从人类的思维方式转换到机器可能具有的思维方式。

"机器能否做设计"和"机器能否思考"是同一个问题。后者的答案似乎是"这取决于你如何定义思考"。艾伦·图灵（Alan Turing）试图通过其人工智能的图灵测试（译者注：图灵是英国著名数学家、逻辑学家、密码学家，被称为计算机科学之父、人工智能之父。图灵测试，又称图灵判断，是图灵提出的一个关于机器人的著名判断原则。所谓图灵测试是一种测试机器是不是具备人类智能的方法）来解答此问题——如果在一个隐蔽实验中，你无法分辨回答问题的是人类还是机器，那么可以认为机器具有智能的行为，即"思考"。

在我的一些设计计算研究中，我反向使用了图灵测试——让人类以类似机器的方式，对设计任务作出反应。这么做有以下几个目的：其一，对当时并不存在的计算机系统进行模拟；其二，通过将设计师行为理解成计算机行为的方式，尝试探讨他们究竟在做什么。我提出"机器能否做设计"这个论题，并不是简单试图用机器替代人类进行设计，而是将此作为一个适当的研究策略，以更好地理解人类设计活动的认知过程。然而，最近很多人对这一论题表示反对。在本文中，我将首先对我的研究进行回顾，然后对后期学者的反对意见进行探讨。

我研究生阶段的首个项目由 John Christopher Jones 指导，名为"计算机辅助设计的模拟（Simulation of Computer Aided Design）"。 其核心是一个新奇却稍显奇怪的想法——探索计算机辅助设计（Computer Aided Design，CAD）系统可能的形式，以及 CAD 系统的设计需求。整个研究主要通过模拟使用 CAD 系统的设备（由于当时并没有这种设备，大都是假定的），进而提出开发未来 CAD 系统的建议（当时几乎没人真正知道如何开发这种系统）。我之所以说这一想法奇怪，是因为我们让人类来扮演计算机这一角色，通过这样的方法来达到模拟的效果。这正是图灵测试的反向应用。

此研究让设计师（建筑设计师）在实验环境下（从此时开始，口语分析研究和类似研究都以类似情况进行）进行某小型设计项目。设计师按照给定的设计概要提出概念草图。除了传统绘画材料，还提供给了他们一个模拟的计算机辅助系统：他们可以在卡片（卡片置于闭路电视照相机前方）上写下问题，然后会收到前方电视屏幕上传来的答案。中央监控设备的另一终端存放在另一个房间，那里有一小组建筑设计师和建造工程师试图回答前文中卡片上的问题。从而我们有了一个非常简陋的模拟系统，它的某些特征很可能组成了现代社会的 CAD 系统，比如，专家系统和数据库。

参与此实验的设计师并未被告知，他们能从"计算机方"得到何种帮助，也没有被限制寻求帮助的类别。所以我们希望能发现，对未来 CAD 系统的工具和属性的需求，洞察到可能出现在未来人机系统中的系统性行为模式。

我们进行了 10 个类似实验，每个持续 1 小时。我们记录了设计师和"计算机"之间的消息并进行分析。其中一项分析研究是从客户诉求到构造细节对设计师提到的主题进行分类。这些数据深入表明了设计师的活动模式，如一定时间段内主题的循环模式，就是从需求到细节并不断往复。在每个实验中，信息传递得非常缓慢，设计师提出需求的间隔通常是好几分钟。当然，计算机的反应时间也非常长，典型情况是 30 秒。尽管交互的步骤似乎很简单，但设计师报告说他们发现实验进展困难并压力重重。他们提到，使用计算机最主要的好处是，通过减少不确定性来实现对工作速度的有效促进（如他们能更快地收到反馈，而且所收到的反馈信息真实、可靠）。

我们也对标准实验进行了一些改进。最有意思的就是转换设计师和计算机的位置，相当于使双方对 CAD 系统功能的期望发生了互换。计算机的任务是产生设计，且必须符合设计师的满意度标准。显而易见，此种情况下，设计师感觉毫无压力，计算机反而"感觉"困难重重。因此，我建议，CAD 系统设计师应以"更多地调动计算机的有效性和主动性"为目标。

我们应该赋予机器足够的智能行为，相应提高其在设计过程中的参与度，将设计师从常规程序中解放出来，从而让设计师在决策上发挥更大的作用。

对智能计算机的展望基于一个假想——机器可以在人类设计师的指导下做设计，机器可遵循预设程序做大部分的设计工作。许多人期望未来计算机能成为设计师，而我仍然认为这当中有更重要的东西存在：与现行 CAD 系统比较而言，我们可以期望在计算机辅助设计领域出现一种更理想的人机关系。为什么不能让 CAD 系统的用户体验更舒适、更智能化？

## 计算和认知
Computation and Cognition

似乎设计中的人工智能研究要么以支持设计（通过辅助设计师创意的交互系统）为目的，要么以模仿设计（通过发展可以开展设计的计算机）为目的。其实该研究旨在开发能够支持设计师的交互式系统。那么人类设计师的认知行为方面的知识显然具有基础性的重要作用，因为此交互式系统必须具有良好的用户（即设计师）认知舒适性（cognitively comfortable）。此系统必须基于系统用户的认知行为模型进行设计。

在设计的人工智能研究中，必然要参照人类设计师的认知行为，因为人类行为的结果设定了某种性能标准，我们依据这样的标准来评定计算机的进步，正如国际象棋机是以与人类象棋大师对弈为标准的。（现行的）设计性能的最高标准正是来自那些最具创意的人类设计师。

然而，这一研究领域的目的不仅仅是开发交互设计系统或可自发进行设计的机器。对某些人来说，其本质目标是通过计算建模和仿真的方式增进我们对人类认知行为的理解。"机器能否做设计"这个问题可以被理解为一种研究策略，以利于深入洞察设计师是如何思考的。

　　再次以下象棋的计算模型为例进行说明。毫无疑问，此种模型的至高目标不是简单地开发可以（在某种意义上）"玩"象棋的机器，也不是愚蠢地试图用机器替代所有人类象棋选手。我们对象棋比赛进行计算建模，应能发展完善我们的某些理解——象棋游戏的问题本质，以及人类的认知过程。人类正是以这些方式，不断加深对自我的理解。

　　至少让机器做人类的工作总归是个有趣的点子，不管是象棋比赛还是设计。但 John Casti（来自 Santa Fe 学院）则依据人们从象棋比赛机器中习得的经验，提出了另一让人不安的结论。他在《The Cambridge Quintet》一书中列出关于计算和人工智能的对话，这些对话分别来自 Turing、Wittgenstein、Schrodinger、Haldane 和 Snow。在谈话记录中，Casti 查阅了 1997 年国际象棋冠军赛鏖战，Garry Kasparov 对战计算机程序深蓝 II，他引用 Garry Kasparov 的话说，"我能感觉到程序中的外星智能"。

　　Casti 得出一个让人惊诧和沮丧的结论——从象棋比赛程序的建造中，我们无法学到任何有关人类认知能力和方法的东西。

　　那么，在设计的人工智能研究中，是否被迫接受同样的结论——从设计程序的建造中，无法学到任何有关人类认知能力和方法的东西？设计师会对设计程序中的"外星智能"产生焦虑么？建造的机器可以设计，然而是否需要借鉴 Castide 关于"成功的"象棋比赛机器的观点：手术很成功，但病人没能撑住？

或许 Casti 太过悲观。我们从象棋程序中学到的一点是，非人类的计算机确实可以获得与人类匹敌的性能，努力习得某些意义重大的人类认知，而且，研究者也无疑已从由计算机进行的象棋比赛中学到了某些人类象棋选手的认知策略，即使这种程序并非以类似人类的方式进行"思考"。

让机器来做人类完全可以做并确实乐于做的事情，为什么？人们乐于玩象棋，也享受做设计——而且，我相信，人类更善于设计。如果像 Casti 所说，从象棋比赛程序的建造中，无法学到任何有关人类认知能力和方法的东西，那么，研究和编程工作近乎无用。

对我来说，人工智能研究对人类认知活动的仿真应该能提出这样一个问题：从人类的思维中，我们学到了什么？一些设计的人工智能研究应努力解答设计师如何思考这一问题。通过设计中的人工智能研究，从计算机的角度看设计，我们希望了解人类设计认识的本质。

此外，不应是机器来做那些人类完全胜任并确实乐于完成的事情，我们希望机器能完成人类难以完成的任务，甚至能完成人类无法完成的任务。所以，与其让机器追随人类能力的步伐，不如让设计机器超越人类设计师。

# 第4章
## 设计中的创造性认知 I：创意飞越[*]

Creative Cognition in Design I : The Creative
Leap

　　以往文献谈到创造力时往往强调洞察力的火花（flash of insight）引出创意点子。那些科学和数学领域中经典的创造性突破都暗示着创造性思考的特征表现是突然的灵光闪现，例如，德国化学家凯库勒（Kekulé）发现苯分子结构，或者庞加莱（Poincaré）卓越的数学观察力。Wallas 对"创造性地解决问题"的流程进行了梳理，建立了一个通用的模型并对此进行了阐述，该模型包含四个阶段——准备期、孵化期、启发期、验证期。这一模型在今时今日仍然客观有效，而且以突然的"灵光一闪（illumination）"作为对创造性思考的描述。该描述深入人心，

---

[*] 本章内容首发于《国际工作坊——创意设计的计算机模型 III》的《创意飞越的建模》，由来自悉尼大学设计计算重点实验室的 J. S. Gero、M. L. Mahcr 和 F. Sudweeks 编辑，澳大利亚，1995。

以至于漫画家也使用一个点亮的灯泡作为某人突然想到一个好点子的通用符号。

在工程和设计领域，我们也常常把重大的创新或者新颖的设计概念描述成突发的灵光。"创意飞越"曾经被认为是设计流程的核心。同时，"创意飞越"也许不一定出现在常规设计的流程中，但它必定是非常规、创造性设计的一个特色。也有人认为，从本质上说，所有的设计都是创造性的。然而，通常的情况是，我们可以对设计师所创作的设计提案的创造性进行评估。这点说明了创造性设计与创意的成果有关，与创意的过程无关。

在另一些领域，"创意飞越"所表现出来的特征就是从完全不同的视角对先前所理解的情境有了新的认知。这一观点是Koestler 的双关联（bi-sociation）（译者注：Koestler 认为幽默和创造的过程都是个体以敏锐的观察力，利用偶发的线索，将两个原本不相干的事物做瞬间的关联）模型的基础，他以心理学中的幽默为例，解释了"创意飞越"的概念。在创意设计中，"创意飞越"不一定意味着彻底转变观点或视角——也许并不是意外转换至一个全新的解决方案空间，而仅仅是在同一解决方案空间中发现新领域，产生新概念。这意味着创意设计的特征是探索而非搜索。与前文的双关联的概念不同，创意设计不一定是提出让人意外的截然不同的提案，而是提出一个适当的提案，对已经建立的问题情境作出适当的回应。

在本章中，我们将创意设计看做是合适的概念提案，而这一概念提案包含了能够使之成为一项新产品的创新要点。这一提案不管是不是"灵光一闪"的结果，它都意味着鸿沟之上的"创意飞越"，鸿沟这一端是功能需求设计，那一端是潜在创新产品结构的形式设计。我们认为，与其说创意认知在设计中是一个非凡的跳跃，不如说是问题需求和解决方案之间的桥梁。

## 创意飞越的实例
An Example of a Creative Leap

本实例来自于代尔夫特口语分析工作坊中的一个口语分析研究。该工作坊对一个设计环节的实验进行视频录制和谈话记录，并将这些视频和记录分发给不同的研究者。此设计环节实验采用了两种不同的实验设计：其一是让某单一设计师在工作过程中"大声说出自己的思考过程"；其二是让一个设计师小组（3 人，在后文的谈话记录中简称为 I、J 和 K）在工作中发生自然的沟通交流。两个实验要解决的是同一个设计问题——为"驴友"的山地自行车设计一个用来固定背包的装置，确切地说是某种特制的自行车行李架。

设计团队成员 J 建议道："也许它应该像一个真空挤塑成形

的托盘。"此刻,"创意飞越"以灵感闪现的形式被触发。团队成员们立刻认同了这一概念并进行深入发展。附录 A 是设计过程的对话记录。此概念产生的设计方案如图 4.1 所示——置于自行车后轮上方的塑料托架,配备能将托架固定在自行车后座和后轮挡泥板上的金属连接件,并配有能固定背包于托架上的带子。

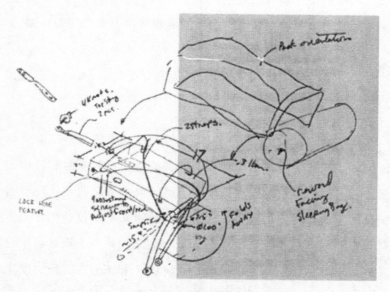

图 4.1　团队设计方案

　　设计师团队使用草图记录了他们各自的创意,并在白板上写下他们思考问题的各种明细列表。首先,他们列明功能定义及问题框架，然后往这一框架中填入他们期望的各种产品属性。这些思考来自于实验提供的设计提纲和相关信息。然后团队将设计问题分为三个子问题：

（1）行李架装置相对于自行车的位置；

（2）①背包与行李架之间的连接件，②行李架与自行车之间的连接件；

（3）行李架的材料。

设计团队对问题和解决方案进行多方面探究——针对每个子问题提出设计构想（局部解决方案），然后对这些方案的内涵和可能性进行评估和讨论。附录B是团队对"行李架与自行车"连接问题的讨论记录，反映了设计师的思考过程——行李架位置，以及行李架与自行车车体框架结合可能引发的问题（如骑行可靠性、使用中的人体工程学、满载背包的重量、用户行为）。总体来说，他们的探讨从形式转向功能，而不是从功能到形式。

其中一个突出问题就是，背包自身的肩带等附属物掉入自行车轮胎缝隙中所带来的危险。经过一番头脑风暴，设计师团队对各个创意概念进行回顾讨论，以排除那些让人不满意的概念，留下值得深入发展的想法。当团队对所有列出的背包设计概念进行梳理时，大家强调了"包裹"这一概念，因为它能完美地解决背包肩带的松散问题，然后，"托盘"概念突然进入大家的视线——以下是记载的讨论记录。

I: 背包；把它放进一个背包里；那些肩带怎么办？

K: 让肩带不至于碍事。

J: 是不是可以做一个类似包裹的东西，或者类似于一个真空注塑的托盘、托架，能整个把背包装载其中。

I: 是，托盘，对，就是它。

J: 应该不错，我的意思是，如果从放置的出发点来考虑，我们可以根据背包的大致形状和轮廓（而且"驴友"们的背包都差不多，大同小异），进行真空注塑成形，使之变成一个托盘的样子。

I: 对，或者仅仅是托盘的一部分样子……

K: 还要设法把背带绑起来。

J: 或许，嗯……托架可以带吸附的摁扣或盖子，这样背包就能啪嗒地塞进里面。

K: 嵌进（背包）轨道？

J: 多功能组件。

K: 你刚说嵌进轨道？

J：是，将这些轨道与托盘相连。

I：很好！

J：这还能解决公鸡尾巴问题（译者注：轮胎甩出的泥像公鸡尾巴一样沾在背包上）。

在这一持续 1 分钟的对话中，我们看到了托盘这一关键概念被提出、接受、改进、发展和论证。除了能牢固地安装背包，这一方案还能解决两个特定问题：悬空肩带和公鸡尾巴问题。这一概念似乎具备足够的潜力，因为托盘这一解决方式不仅能解决关键问题，也为解决其他问题和需求提供形式上的承载。这就是前文提到的合适的设计方案。

但托盘这一设想是凭空产生的么？在整个对话记录中，"托盘"这一名词确实是第一次被提到，之后托盘在设计师团队进行方案改良的过程中被反复提及（托盘随后出现了 35 次，对话持续 40 分钟）。而与之相关的概念已经在初期被提及，比如以塑料件作为材料，以扁平的形式出现。事实上，在托盘这一概念产生的将近 20 分钟前，这一概念的提出者——设计师 J 曾提到某种类似于托盘的想法。

J：似乎我们现在总是关注框架的形式，可几年前我有个朋友曾建议，可以做一种类似可折叠的注塑成形的行李架……

另一团队成员立刻描述出他印象中的类似装置。

I: 这个就像是一个平板型支架，带有实心面板和小轮子……能像小型拖车一样放在地上使用。

设计师 J 也在几分钟后提出了另一种平板型塑料面板的解决方式。

J: 我想到一种超简单的方案，虽然可能不够结实，想象一下，一片聚丙烯或类似的东西使用模切工艺得到一个可以折叠的三角片，嗯……你懂的，就像是能弹起折叠立体画的书，且这个三角片被螺栓固定于某处，从而得到一个平面……这样也可以防止轮胎带起来的泥浆喷溅。

在托盘这一明显体现创意飞越的概念出现之前，团队成员提出了各种能够起到挡泥板作用的类似平面片状塑料装置的想法。最具突破性的不同点是，它将这一概念描述成了托盘——一个具有凸起边缘包围的平整平面（提案中建议"真空挤塑成形"也是第一次提到生产过程，但在概念发展的过程中，生产过程就变成了注塑成形）。托盘这一概念可以说是一种包含了可预想的形式、可辨识的解决方案的综合体，与原有的平整、折叠、面板之类的概念有显著的区别。关键的区别在于它将托盘理解成（类似背包的）某种容器，而原有概念普遍仅提到一个平整平面。

早期的对话记录表明，托盘这一概念首次出现就迅速被团队成员肯定为一个很棒的概念。然而，当大家开始回头去梳理之前产生的其他相关概念时，只有设计师 J 特别坚决地强调必须将托盘这一新的概念增补到概念表中。

J：我会想，托盘应该是个新想法，而不是背包的附属部分……

不久之后，团队进行设计过程的阶段总结，设计师 J 又再一次肯定了托盘这一概念的正确性。

J：我真的喜欢托盘这个想法，我想它应该能很快流行起来。

团队成员采用劝诱策略以促进某个概念的采用，比如，表达自己在情感上的倾向性，Cross 和 Clayburn Cross 曾撰文对此进行了深度剖析。Geler 也强调了在计算建模情境中创意想法的情感内涵。

作为"创意飞越"如何产生的总结，我们认为，它来自于早期的潜在观念或意图，回顾时我们发现它与早期想法非常相似——一种平整、可折叠的塑料件（早期想法显然缺乏容器的典型属性，而托盘则具有这种特征）：它的发展和产生可能源于早期考虑到的容器形式——背包；它似乎聚焦于某一特定问题（包含背包肩带），以之作为最重要的考虑；它被快速复杂化、细节化，以满足一系列其他问题或功能；它综合解决了众多设计目标和制约条件，被认为是连接问题和解决方案的桥梁；它出现在对早期的概念和想法进行仔细回顾的阶段。

## 识别飞越
### Identifying the Leap

代尔夫特口语分析工作坊专注于对设计活动进行广泛的、多角度的研究：工作坊并不是仅关注于创造力及其分析。在近20篇工作坊成果论文中，有10篇关注团队设计实验，但并没有一篇是特别针对前文定义的"创意飞越"的。然而，这些论文中对设计活动的分析为研究"创意飞越"发生的时间点提供了有力证据，也说明了它在团队设计过程中的重要性。

工作坊产生的大量针对团队设计过程的分析，并未表明托盘这一概念的起源，但有些分析确实证实了这一概念在设计过程中至关重要。例如，Gunther 等将团队口语报告分为三个主要设计阶段：理清任务、搜索概念、确定概念。图 4.2 表明托盘这一概念的产生（发生于约 78 分钟时）如何有效结束搜索概念阶段。与之类似的是，Mazijoglou 等定义的"讨论产出"（见图 4.3）表明了团队的讨论（所做的语言陈述）在解决方案类别中、托盘这一概念产生的时间段前后达到高峰。Radcliffe 针对工作轨迹转换的分析（见图 4.4）则表明，约 80 分钟时，团队工作内

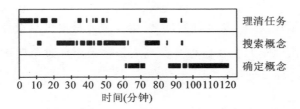

图 4.2　团队设计过程中的重要阶段

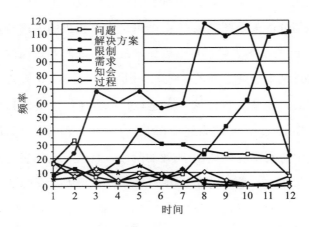

图 4.3　时间线上团队语言陈述的产生（10 分钟间隔）

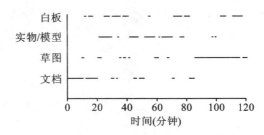

图 4.4　时间线上团队工作转换轨迹

容发生了转换——从处理实物/模型（主要是提供给设计团队的背包和山地车）并在白板上画列表，转换至通过草图来深化最终方案（通过草图）。

Goldschmidt 的分析工作则既追寻了托盘这一概念的历史渊源，也肯定了它在设计活动中的重要角色。她的团队口语分析相关部分的关系图（见图 4.5）中，J 对托盘的表述被标记为 30 号。此关系图明确了每个表述（进展）之间互相关联的方式（通常意义上表述之间的关系）。团队中，表述 30 被定义为决定性进展，也就是说，这一表述与其他表述间的关联程度相对最高。Goldschmidt 将表述 30 周边的一系列表述定义为团队设计活动中特别富有创造性/成效的阶段，且这一系列表述之间的关联非常丰富。她的分析也并未解释具有重大意义的托盘概念是如何产生的，但她的分析肯定了这一概念表述的重大影响。

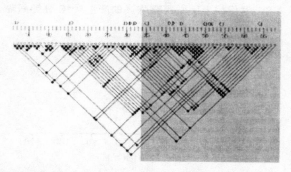

**图 4.5 团队"创意飞越"设计进展（30 个）关系图**

从关系图中可以看到，表述 28 到表述 54 之间是一块互相高度关联的聚集区。表述 28 为设计师 I 的建议"将其置于包袋中"；表述 54 是设计师 J 强调的"托盘应该是个新想法，而不是包的附属部分"。在短短 2 分钟时间里，可以看到，托盘这一概念引发了一段具有创造力且认知上极其丰富的互动性表述，使团队成员得以进行概念的相互借鉴和发展。附录 A 完整地记录了 28 到 54 号表述。

表述 30（也许类似小小的真空成形的托盘）确实是从天而降的——在关系图中，仅有两个之前的表述是它的背景关联（back-links）（其他背景关联，如早期提到的平整塑料件，并未在此简化版本的图中展现）。但表述 30 的重要性却非常明显——它具有相对较多的前景关联（fore-links），即随后发生的表述是建立在表述 30 的基础上的。

## 创意飞越建模
### Modelling the Leap

人工智能领域的研究试图对设计的方方面面（包括创意设计）进行建模和模拟。本节将通过对创意设计进行建模，探讨前文提到的引起设计过程中创意飞越的洞察力，以及通过计算建模来解释的可能性。

Rosenman 和 Gero 提出创意设计可能发生于 5 个步骤中：组合（combination）、突变（mutation）、类推（analogy）、依靠第一原则（Design From First Principles）和突现（emergence）。本节将讨论如何通过这些步骤来解释前文提到的创意飞越的例子，以及通过这些步骤对创意设计进行计算建模的可能性及困难。

## 组合
Combination

创意设计可以发生于对已有设计的某些属性的重新组合或排列。在前文的"托盘"想法中，之前相关概念已经出现于团队讨论中——平整塑料面板或包裹。似乎存在这样的可能性：这一创意飞越发生于设计师将面板和包裹组合成托盘的时候（见图 4.6）。就此而言，托盘虽然并非新生事物（托盘早就存在），但面板和包裹在设计师头脑中的组合可能引发了与托盘的关联（见图 4.6）。在团队设计过程的前后文中，此时的托盘为新奇概念。

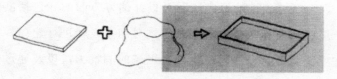

图 4.6　面板加包裹等于托盘的可能性组合

另一个比简单托盘更新奇的创意可能来自于将面板和包裹组合，例如，一个有着普通的可弯曲的上部及结实又平整的底板的包裹（此种产品已经存在）。事实上，团队成员确实打算进一步发展托盘这一概念（正是以一种结合面板和包裹的方式）。在托盘这一概念被团队接受之后，设计师 I 立即更清晰地提出了一个网状附带拉链的容器，设计师 J 则将这一概念演化为"带网和拉绳的托盘"，然后设计师 K（用类推的方式）将之发展成类似可缩进式的网袋。

I：不如是一个大点儿的袋子，呃，如果托盘不是塑料的而是一个网状的，你只需将它扣紧包住并拉上拉链。

J：或许也可以只是某个部分，可以是有网和拉绳在托盘的顶部，我觉得这样也不错。

I：边缘带垂挂网的托盘，你可以把它拉下来，覆盖包住（背包），并拉上拉链封起来。

I：它还可以缩进去，是的。

K：你拉开拉链，它就可以伸缩。

J：一个伸缩式遮盖物或百叶窗。

在这一团队对话序列中，可以看到，最初的面板、包裹、托盘组合发展至包、托盘组合，然后得到一个独创性的新奇概念——附带缩进式网袋的托盘（未见有类似描述的装置，表明它具有新奇性）。这一概念似乎是更具创意的面板和包裹的组合。最后，团队并未发展此附带缩进式网袋的托盘的概念，而是在托盘上加入了横跨式带子，以绑定背包。

团队似乎知晓在探索创意组合的路上走多远，也知晓何时是走得太远了，应返回并考虑是否重新选择推理路线。在计算系统中，设定这样的上限是个难题；系统如何识别一个对之前概念进行组合的、令人满意的概念是否已经形成了呢？

## 突变
Mutation

突变的创意设计包含着对某个已存在设计的特定属性（或几个属性）的修改。在计算系统中，我们可以随机地选择、修改和评估属性，或者有特定的步骤来选择和修改特定的属性。在自然设计过程中，后者可能更起作用。

在提到的案例中，突变的步骤就发生在将一个平整的面板转变成一个托盘的时候（见图 4.7）。如果设计师 J 考虑到了平整面板的不足（比如，它无法牢固装载背包），他就可能已想到升高面板的边缘，形成托盘这一概念。设计师 K 的早期草图（见图 4.10（a），及后文对"突现"的讨论）可能也对这一突变的产生有着潜在影响。我们并不知晓什么样的认知过程引发了 J 的创意飞越，但似乎是突变步骤引发了从平整面板到托盘的转变。

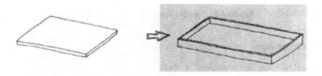

**图 4.7　从平整面板到托盘的可能性突变**

　　计算建模中的难点是如何定义、选择和修改现有设计结构的属性。在本案例中，为了重建平整面板、托盘，必须将面板边缘定义为相关属性，并通过加厚或延展等手段对它进行修改。平整面板在容器功能上有不足之处，而突变步骤的发生正是基于对此不足之处的充分认知。

**类推**

Analogy

　　类推思维的应用，长久以来都被认为是创意设计的基础。前文中已经提到如何利用百叶窗来对一个可伸缩的网袋概念做类似的描述。托盘的点子似乎与包裹概念的产生有着紧密的联系。设计师 J 说道，"可以做一个类似包裹的东西，或者类似于一个真空注塑的托盘、托架，能整个把背包装载其中"，这里表明他将托盘理解成包裹的另一个选择，执行装载功能。这一点明显表明了包裹和托盘之间的类推（见图 4.8）是基于两者相似性的考虑——包裹可以装载，即容纳并可以携带。

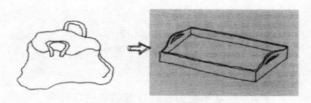

图 4.8 可能的类推：包裹与托盘

　　基于类推的计算模型中的难点在于如何提取设计中适当的行为特征。在本例中，需要提取包围和携带这两点包裹的行为特征，而像柔韧性等其他行为属性则不需要。进一步地，似乎部分包围（如在托盘中）比全部包含（如在包裹中）更具有相关性；正是在 20 分钟之前，也就是托盘概念产生前，J 建议"也许可以是一个小桶，可以装进背包"，但这一建议被其他成员忽视并在随后被忘记了。桶比托盘更类似于包裹，但显然大家并不将其认作是一个合适的类推。

## 第一原则
### First Principles

　　依靠"第一原则"进行设计，通常被视作一种产生优秀设计和创造性设计的方法。人为或自然设计过程中的难点在于如何定义各种不同设计处境中的第一原则，以及如何应用它们来产生设计概念。Rosenman 和 Gero 给出的一个案例是 Peter

Opsvik 设计的名为 Balans 的创意椅子，其第一原则是坐姿的人机工程学因素。然而在"为'驴友'的山地自行车设计一个用于固定背包的装置"时，什么是第一原则呢？

　　设计师 K 在团队设计早期画的一份草图或许可以被认为是尝试利用第一原则进行设计的例子，如图 4.9 所示。设计师 K 试图以"后背附件+自行车"的形式对设计问题进行个人描述——她的想法并未吸引团队的其他成员，这一草图在设计过程中也并未产生重要作用。然而，可能它确实表达了设计问题的第一原则，而且它确实包含了类似托盘的解决方案。设计师 K 随后产生了一个这样的解决方案草图。

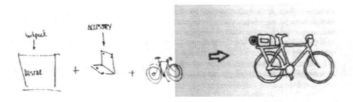

**图 4.9　可能的依靠第一原则推理**

　　依靠第一原则进行设计有助于设计师有效地理解设计的核心。它假定理论上设计是通过定义需求，或所要求的功能，和对这两者进行探讨从而得出适当的形式或结果。从功能到形式的推理这种创造性的飞越，被认为是设计的核心点。但在实践中，参见设计团队草案的摘录，以及另一些学者的建议，设计师进行设计时，总是先提出形式或结构的草模，然后评估这些草模以延伸需求或所要求的功能。Takeda 等在其对团队草案的分析中展示了功能及结构如何在设计过程中发展并进化。从而，产品需要被设计的功能并不是一个静止的概念，（设计初期）它只是一个暂定的概念，会随着设计进展而发生改变。

## 突现
### Emergence

突现是这样一个过程：隐含在已知设计中，新的、并未被识别的特性被察觉和意识到了。在人工智能领域，突现特指以下情况：意料之外的形状突然出现在独创的、意料之中的形状中，并被察觉到了。然而，行为、功能及结构的突然出现，都能很好地被设计师识别。比如，设计师 J 明显地察觉到"避免背包被飞溅的泥浆弄脏"这一突发行为出现在"托盘"概念中，从而进一步确认此概念。

在本案例中，我们无从得知"托盘"点子是否是一种突现。有意思的是，设计师 K 曾在早期（约 40 分钟时）绘制了一份方案草图，明显地表现出了类似托盘的概念（见图 4.10（a））。设计师 K 并未将这份草图展示给团队，而且团队另两名成员此时正忙于其他事务。然而，另两名成员随后显然是肯定了这份草图——他俩都使用这份草图（约 60 分钟时），并在上面添加了不同属性——设计师 J 画了可调节的部分，设计师 I 画了一个可折叠的带轮子的拖车。在此之前，设计师 I 已经完成了"拖车"概念（见图 4.10（b））。

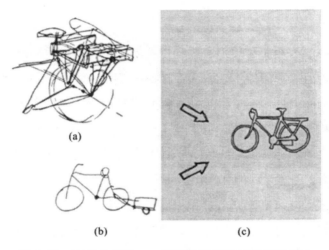

(a)

(b)　　　　　(c)

**图 4.10　可能的推论——从早期表现得到的突变概念**

总之，我们有理由推测，托盘结构的产生既可能源于设计师 K 的草图，也可能源于早期的"拖车"概念（见图 4.10）。然而，我们并没有任何的确凿证据。如果事实正如所推断的那样，那么接下来的步骤是，识别草图中的盒状结构，并将其转化成一个浅箱，即一个托盘。

在除了平面图案、图形或装饰设计之外的其他设计中，突现就不仅仅是图形识别那么简单了。它还包括识别结构中的突现的行为和功能。这给计算建模带来了极大的挑战。

## 桥接胜于飞越
## Not Leaping but Bridging

通过对本案例中创意飞越的研究，我们可以将创意飞越模式分为以下 5 个步骤：组合、突变、类推、突现和依靠第一原则。目前并未对设计师的认知过程进行明确记载的案例，我们无法确定在本案例中到底出现了哪一个步骤（假设存在上述部分或全部的步骤）。然而，如果我们能够建立这些步骤的计算模型，那么创意设计的计算建模研究将有可能取得进一步的发展。据报道，艺术和科学领域中创意过程的计算建模已经取得了一定的成功。而设计领域之所以裹足不前，可能是由于设计推理的同位本性——设计的功能和形式是以平行的方式而非连续的方式发展。

很多设计流程的模型经常忽视设计推理的同位本性。工程设计过程的模型得到了认可（Cross 和 Roozenburg），正如德国工程师协会（Verein Deutscher Ingenieure，VDI）提出的，设计应分阶段按顺序进行，本书中所研究的设计团队在设计中也采取了这种分阶段的过程。他们认为，在探索解决方案的关键点和确定最主要解决方案之前，必须先探索和确定产品设计的规格说明和功能结构。他们还提出，整体问题必须被分解成局部解决方案，然后将找到的局部解决方案合并成整体解决方案。这也正是本书案例中的团队设计师所采取的方法。然而，正如我们看到的，设计师在实践过程中探索和定义关系复杂的子问题，同时还必须提出可能的相对应的子方案（附录 B 的谈话记录对此有描述）。

实践中，设计的推进过程是曲折的，似乎一直摇摆在子问题及其解决方案之间，具体就是不停地分解问题与合并子方案。

在设计过程中，问题和解决方案的局部模型是并行（同时）构建的，本案例中也是这样。但事实上，创意飞越是对这两个局部模型的桥接，以一个清晰的设计概念（本案例中的托盘）将两个局部模型衔接成整体。与其说创意飞越是连接分析和综合之间的断层缝隙，不如说是问题空间与解决方案空间之间的桥接，"桥接"的概念体现了问题与解决方案之间的美妙关系。正是对这一美妙概念的识别，产生了创意的"灵光一闪"。

这种认知是设计师（在本文团队案例中还涉及其同事）的知觉行为，我们可以用知觉测试游戏的知识对这一过程作类比说明。例如，设计师对提出的（包含问题和解决方案的）设计概念进行识别的过程，可以被看做是参与者进行"鸭兔图"认知实验的过程（见图 4.11）。它既非鸭子也非兔子，而是两者的组合，实验参与者既可以将它看做整体，也可以对局部进行思考。"可能它是一个小型真空成形的托盘",提出这一建议就像是说"可能它是一个鸭子-兔子"。在面对一只鸭子-兔子时,创意设计的计算模型能识别出来么?

**图 4.11　鸭子-兔子认知测验**

# 附录 A　"创意飞越"期间的讨论记录
Appendix A: Transcript of the discussion at the time of the "creative leap"

I：背包;把它放进一个背包里;那些肩带怎么办?

K：让肩带不至于碍事。

J：对。

I：对。

J：是不是可以做一个类似包裹的东西,或者类似于一个真空注塑的托盘、托架，能整个把背包装载其中。

**01:19:00**

I：是，托盘，对，就是它。

J：应该不错，我的意思是，如果从放置的出发点来考虑，我们可以根据背包的大致形状和轮廓（而且"驴友"们的背包都差不多，大同小异），进行真空注塑成形，使之变成一个托盘的样子。

I：对，或者仅仅是托盘的一部分样子……

K：还要设法把背带绑起来。

J：对。

J：或许，嗯……托架可以带吸附的摁扣或盖子，这样背包就能啪嗒地塞进里面。

K：嵌进（背包）轨道？

J：多功能组件。

K：你刚说嵌进轨道？

J：是，将这些轨道与托盘相连。

K：嗯，嗯……

I：很好！

J：这还能解决公鸡尾巴问题。

I：呃，不如是一个大点儿的袋子，或者，不如你，呃，如果托盘不是塑料的而是一个网状的，则你只需将它扣紧包住并拉上拉链。

J：或许也可以只是某个部分，可以是有网和拉绳在托盘的顶部，我觉得这样也不错。

I：是，我的意思是……嗯……

J：很棒的想法。

I：带垂挂网的托盘。

**01:20:00**

I：你可以将它拉下覆盖包住（背包），并拉上拉链封起来。

K：类似一个百叶窗，能回收进去。

J：哦，对。

I：它可以缩回去。

K：你拉开拉链，它就可以伸缩。

J：一个伸缩式遮盖物或百叶窗。

I：对，对。

K：如果你没有附加任何东西的话，那么就不会出现背包带甩进车轮子里的情况。

J：虽然我们有了些不同类别的解决方案，但它们都是些……我的意思是，我们不会想做一个网状的或者窗帘式的、吸附锁进轨道的，这些想法的可实现性太弱。

I：是的。

K：网可以和百叶窗结合起来啊，我的意思是，可以是一个可回收的网，这是我的想法。

I：我想现在我们应该是在讨论肩带问题，让我们暂且将这个问题放一放。

K：是，可能有些很棒的创意在这个问题上。

J：哦，是的。

I：好，现在，它有……

J：我会想，托盘应该是个新想法，而不是包的附属部分……它是……对，哦，我觉得百叶窗的带子正好可以让我们把背包的肩带固定住。

I：是的，OK。

# 附录 B  自行车行李架连接件的部分讨论记录

Appendix B: Transcript of part of the discussion of joining "rack to bike"

**00:46:00**

K：嗯，嗯。

J：他们会想要将背包放置在哪儿呢？如果这里往下有一个可以活动的东西的话，他们就可以对背包进行上下调整。

K：似乎低一点更好。

I：这会有高度问题么？我的意思是，不如夹在座椅的底部，或者甚至座椅下方支撑柱子，哦，还有这些东西。

K：另一个我们需要注意的人机工程学问题是，当自行车座降到最低位置时，你的腿在这儿，你要保证你不会与座椅靠得太近。

J：那么你得，你得从那儿再往回移一点。

I：或者……

K：不用移回来太多。

I：再低一点。

K：是的，我注意到一件事儿，当我将一个大包放在自行车行李架上时，它会像一个大帐篷，很重，慢慢会向我的腿部靠近，就像这样。

K：那么我的腿的后面，就会碰到它。

J：我的问题是，一般来讲，人们会放多重的东西在背包里？

K：很可能30磅，或者50磅。

**00:47:00**

J：装的是沙子吗？呵呵……

I：我们有了解过这方面的信息吗？

J：是，我们有，我们有这个信息，关于人们可能携带多少重量在背包里面，或者……

J：做过任何设计调查么？

I：调查的实验，我们有关于背包的使用，一些数据在这儿。

J：好——65升型的背包的重量是……

K：22千克。

J：那么就是45到50磅。

K：包含睡袋，哦，那么我猜这个也成问题，当你将这个放进
 来……

I：哦，对。

K：你得确定那个……

J：仍然合适。

I：（听不清）

J：据说人们通常会将这个放在背包的底部。

# 第5章
# 设计中的创造性认知 II：创意策略[*]

Creative Cognition in Design II : Creative
Strategies

　　大部分对设计师行为的研究都基于设计新手（例如设计专业的学生），顶多是稍具天赋的设计师。原因显而易见：将设计新手作为研究对象更为容易。研究对象中没有设计专家，这样一来，我们对设计专业知识的理解也会有局限性。为了更好地理解设计中的专业知识，必须以设计专家为研究对象。在某些情况下，对出类拔萃或极其优秀的设计师进行研究也是有必要的。这就好比，为了洞察棋手在下棋过程中的认知策略及专业知识的特征，肯定要研究象棋大师而非初学者。

　　设计实践就像下象棋，设计师的水平会参差不齐，有些设

---

[*]本章内容首次以"顶级设计师所采用的策略知识"作为题目，公开发表于"策略知识和概念形成"国际工作坊的预刊，J. S. Gem 和 K. Hori 编辑，设计计算重点中心，悉尼大学，澳大利亚，2001。

计师始终表现得比其他人出色，有些设计师则是人中翘楚。
Lawson 和 Roy 分别在 1993 年和 1994 年对成功的建筑设计师和
产品设计师进行了研究。然而，这类对顶级设计师的研究并不
多见。

本章记录了对三位顶级设计师创新设计的研究过程——一
个口语分析研究和两个案例回顾研究。研究的项目对象包括三位
设计师：工程设计师 Victor Scheinman、产品设计师 Kenneth
Grange 和赛车设计师 Gordon Murray。研究的焦点是识别这些
设计师在面对问题时所采取的创意策略（译者注：创意策略也
就是狭义的设计策略，指的是通过设计获取竞争优势的计划）。
研究结果显示，他们在设计过程中所采取的创意策略似乎有着惊
人的相似性，这也说明他们对创意策略有共同的理解，甚至有可
能构建一个高水平创意的创意策略的通用模型。

## 对顶级设计师的研究
## Studies of Outstanding Designers

### Victor Scheinman
Victor Scheinman

Victor Scheinman 是出色的工程设计师，在机械及电子机械
设备和机器人系统及设备方面有着多年的设计经验。他是现代

机器人设计领域的先驱之一，获得了多个美国机械工程师协会颁发的设计奖项。他是一位经验丰富的设计专家，同行中的佼佼者。他自愿参加口语分析研究实验，我们以视频方式记录下了他在 2 个小时内的"有声思维"。在人为设定的约束条件下，我们对 Victor 的设计策略进行了观察和记录。Victor 拥有丰富的设计经验，实验中，他接受的设计任务非常有新意。他的任务是设计"一个用于山地自行车的载物装置，方便骑行者快速且牢固地装载户外背包"。完整的实验资料发表在代尔夫特设计口语分析工作坊的会议论文集上。

以下是对 Victor 的设计策略的分析，引文来自对其"有声思维"的记录，用时间标记加以注明。前期做了些调试，访谈的实质性的内容从 00:15 这个时间点开始。

在访谈前期，Victor 开始对问题的特征进行定义，这会影响他采取何种设计方法进行概念设计。例如，他一开始就阅读了设计概要并发表了言论，这表明他看出了设计问题的一些异样之处。

(00:19)这是一辆山地自行车的配件，对于我来说，就是要将其设计得与众不同。

Victor 还利用了个人经验帮助他定义一个优秀设计方案的深层需求：

(00:26)以前有过骑自行车装背包的经验并且骑过许多山路，只是骑的不是山地自行车，但是我能想象出那种骑着山地自行车的情景，我很早就知道了安装背包一定要尽可能低一些。

他同样凭借个人经验认为将背包安装好的最合适位置是后轮上方而非前轮上方。

(00:51)我首先想到的是将其置于自行车后部。这样放置的另一个优点也是显而易见的，放在前部容易晃动，一旦撞到山路上的东西，骑自行车的人就会失控。

(00:52)大家都知道，山地自行车在下坡的时候，重心保持在后部会比较好。

Victor 根据他个人的骑行经验，确定了一个重要的设计点，有过同样经历的人才会注意这个问题：

(00:55)当我小时候环夏威夷骑行时，不管我怎么在我的自行车上装好背包，只要稍微再用点力就会晃动，我对此记忆犹新。

Victor 认为这是一个包含了骑行者、自行车、背包，以及装有重物的自行车在地形恶劣的山地中骑行时所带来的自行车控制问题的动态系统。这种情况不同于平时在光滑的水平路面上骑行，它强调了将背包以低位放在自行车后部的需求。Victor

通过对设计任务进行分析得出了以上观点，其中值得注意的不同于其他设计师，他没有将自行车和背包置于静止的状态进行问题分析，或者说他没有忽略载重骑行对骑行者控制能力的影响。Victor 对自行车骑行动态过程的理解有助于他全面分析设计任务。

纵观整个由骑行者、自行车和背包构成的动态系统，Victor 认为稳定性是关键问题。在访谈前期，Victor 在谈论一个早期由其他设计师设计的原型时，对此原型的用户测评报告总结如下：

(00:22)可能是背包太高或类似的问题，而且自行车的稳定性也是个问题。

考虑到沉重的背包必须装在自行车的后轮部位，以及骑行过程中晃动的体验，Victor 构建了"如何保持稳定性"这个问题。提出的问题和先前的经验使他确信必须设计一个牢固稳定的自行车载物装置。

(00:59)在我的印象中，在自行车上固定背包最重要的一点就是"牢固"。

他将这一观点发展为需求，背包架的任何结构部件必须非常结实牢固。

(01:06)让背包架变得牢固，足以支撑起背包，看来是个重要的问题。

在访谈过半之时，Victor 已经提炼出了问题框架，他将按此框架设计出结实、牢固的背包架，并且以尽可能低的位置安装在后轮部位。不久，第二个与客户（设计的委托方）需求相关的观点产生了。客户需求与用户需求同样重要（用户的观点一直以来主导着 Victor 的思维）。客户是一个自行车背包架的生产商，他们希望新设计的产品能与原有的产品同时销售而互不影响。因此，新设计的产品必须拥有能够区别于原有类似产品的卖点。在提出设计概念的过程中，Victor 的脑子中始终明白新设计的产品必须要有独一无二的特点，这一点出现在他后面的说明及讨论中。

在建立了牢固这一需求后，Victor 能够利用其结构工程原理的知识（"三角结构天生稳定"是个关键知识点）进行自行车背包架的概念设计。这使他避免设计出矩形及平行四边形之类的不稳定结构，考虑到背包固定架的基本形状和放置在自行车上的位置，设计师往往最容易想到应用这类不稳定的结构。在利用草图对结构和位置进行分析的时候，Victor 说道：

(01:07)平行四边形这种不稳定的结构肯定不能用来设计自行车的背包架。

他由此展开他的观点，稳定性是关键需求：

(01:08)如果我设计了这样的框架，那肯定非常糟糕，因为我知道平行四边形毫无横向稳定性可言。

接着，他引出了三角结构原理，并在图纸上添加了三角形。

(01:09)比如，我将这些杆子抬起来连接在一起，创造出三角形结构，最终形成非常牢固的结果——好主意！

Victor 随后一直利用三角结构原理进行了背包架的基本形态和细节特点的设计。在画出更多的设计细节后，他说道：

(01:16)我们将以此形成三角结构来保证横向稳定性。

在对方案进行深入设计（见图 5.1）时，他始终关注结构原理，力图消除结构中的缺陷并进行优化，他说道：

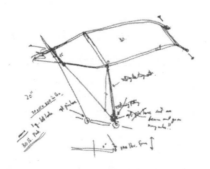

图 5.1　Victor 的过程性设计草图

(01:42)这里的细节就是要这样，因为我把这根管子这样放……好，就这样，很好；另外，这个细节要这样，嗯,让我看看……好吧，这样不行……不行……不行，我觉得还是刚才那样好。

同时，正如前面所言，Victor 也利用客户想要产品有独特卖点的这一需求来为设计指引方向，并且坚定了他基于三角结构进行设计的决心：

(01:10)这将成为产品独有的特征，不会弯曲的牢固的三角形结构；这些杆子会在使用过程中处于拉紧和压实的状态，不会弯曲。

(01:41)我希望这个杆子能渐渐变细，而非就这样……对，变细；这就是我要的产品特征。

在谈论中，Victor 认为将具有显著特征的三角结构应用到（装在自行车后部的）背包架上，并以此作为特色，能让产品的外观独具魅力。Victor 背包架的设计经过了综合考虑，采用三角结构作为第一原则是出于用户对背包架的稳定性需求，另外，这种独特的三角结构也满足了客户的要求——产品要有独一无二的卖点。

得益于"有声思维"的记录，我们从中能看到 Victor 的设计策略层层推进——建立一个全面的、系统的观点来审视实际使用过程中的产品需求；以此构建独特的观点或问题框架来指导概念性解决方案的诞生；借此观点来确定工程设计相关的首要原则并具体化概念设计；同时还要时刻牢记客户追求成功产品的目标。接下来，我们用这种严谨的实验性分析方法来分析其他设计专家的设计过程，看看能否发现类似的设计策略。

## Kenneth Grange

Kenneth Grange

Kenneth Grange 是一个非常成功且高产的设计师，他设计的产品种类非常丰富，从圆珠笔和一次性剃须刀到火车座椅和火车引擎。他的职业生涯超过 40 年，他的许多设计依旧能出现在家中、街道上或铁轨上，包括为 Venner 设计的英国第一个米表、健伍的食物搅拌器、威尔金森的刮胡刀、柯达的照相机、帝国公司的打字机、Morphy Richards 的熨斗、朗生的打火机、本迪克斯的洗衣机、派克的钢笔，还有英国高速火车的车头及驾驶室。他是英国皇家艺术学会精英成员，享有"皇家工业设计师"称号，他的设计已经获得过各类不同的奖项。2001 年，他被授予菲利普王子设计师奖（Prince Philip Designer Prize）终生成就奖，该奖项就像电影界的奥斯卡一样。作为独立设计师，他的职业生涯开始于 20 世纪 50 年代。1972 年，他成为一家设计咨询公司的联合创始人，这家公司就是后来享誉全球的跨界设计咨询公司五角设计公司（Pentagram）。本研究主要基于 Kenneth 的个人对话及较正式的录音访谈（完整的研究报告另载他处）。

　　Kenneth Grange 的许多设计作品有一个重要的特点，即并不只是立足于对产品形式的设计或再设计。他的设计通常是开始于对产品的目的、功能和使用情况进行根本性的重新评估。典型的案例就是他为日本缝纫机企业 Maruzen 做的设计。之前，Maruzen 的缝纫机产品一直是贴 Frister & Rossman 的品牌在欧洲进行销售的。他们想设计一个针对欧洲市场的新产品，并以自己的品牌进行销售。Kenneth 最终提供的设计方案更有整体感，并用一种创新的方式对缝纫机进行重新包装，使产品的可用性更好，也根据客户的需求，赋予了整体产品全新且与众不同的造型和风格。

　　Kenneth 运用了功能性、实践性的方法，依靠他个人的经验，设计出缝纫机的新特征。他以亲身使用缝纫机的经历作为设计的出发点，很快发现了问题，原有缝纫机的主机部分位于台面的中央，缝纫针周围的台面空间面积是一样的，而使用者需要缝纫针侧边的台面空间多于后面的，他称之为设计中的"矛盾"。缝纫机的使用者将布叠好准备进行缝纫，接着控制布从针下面顺利通过，所以，他们要求在缝纫针前面有平整的操作空间；而缝纫针后面不需要那么多的空间。因此，Kenneth 认为其中一个重要的问题就是需要增加缝纫针前面有效的操作空间。他的解决方案就是简单地将位于台面中央的缝纫机主机部分往后移，创造出一个缝纫针前面操作空间大于后面的不对称布局。对于 Kenneth 来说，如此设计顺理成章。可为何以前的缝纫机不这么设计？那是因为缝纫机是从规范的工程实践发展而来，工程师根本没有经过仔细思考就将缝纫机的主机部分放在台面正中央，而后来一段时间也没有人对此作出改变（译者注：以前的设计思想是"以机器为中心"，一切以工程上的规范标准为主，而现在的设计思想是"以人为本"，主要考虑产品的使用者）。

设计师对缝纫机的操作方式进行了一次简单而根本性的评估测试，这才有了缝纫机设计中的另一个创新点。Kenneth 将台面的下边缘设计成了明显的倒圆角，这看起来只是造型风格上的特点，其实是出于功能的需要。缝纫机的使用过程中需要经常清理收放线的轴筒装置（在缝纫针下部的操作台面里），布料的碎片和线头会不可避免地积聚在一起并影响缝纫机的使用。在原有设计中，如果用户要清理线轴筒，就必须要把机器向后倾斜，在机器处于一种不安全的失衡状态下，用户才能勉强接触到梭子。Kenneth Grange 的设计想改善这种现象，让用户轻松而毫无约束地处理内部机械装置。因此，他将主机部分设计成能够向右上倾斜翻到侧面。这就需要台面的侧边能够翻折，打开后能够提供更大的空间，方便用户在稳定安全的状态下倾斜主机，而且展露出来的主机底部非常便于清洗和添加润滑油。

倒圆角的台面前边缘方便布料更顺畅地滑动，还增加了其他的功能，比如，设计了能够存放配件的小抽屉。

缝纫机的设计展现了 Kenneth Grange 的设计思路：分析用户使用产品的整体过程，确定用户定期清理机器的需求，分析用户如何准备和操作布料进入缝纫针脚，最后得出用户需要更大的缝纫针前部空间。新机器创新的形式和特点是设计者对用户使用产品功能模式思考和反馈的结果。

## Gordon Murray

Gordon Murray

本案例的研究对象是一位在高度竞争环境中极其成功且极具创新能力的设计师——Gordon Murray。他设计的 F1 赛车在各项赛事中保持着长久的记录。他担任过布拉汉姆车队（1973—1987）和迈凯轮车队（1987—1991）的主设计师。布拉汉姆车队的 Nelson Piquet 驾驶由他设计的赛车在 1981 年和 1983 年两度获得冠军；在迈凯轮车队时，Alain Prost 和 Ayrton Senna 分别驾驶由他设计的赛车获得了 1989 年和 1990 年的冠军。20 多年来，他以激进的创新方式成功设计了许多 F1 赛车（他设计的赛车赢得了 50 场胜利），在设计界建立了极好的声誉。

Gordon Murray 毫无疑问是一位卓越的设计师。衡量他是否成功的标准非常明确——他的成就来自于 F1 赛车这个竞争极其激烈的领域，他设计的 F1 赛车取得的比赛成绩好坏就是标准。我通过交谈和采访深度了解了 Gordon Murray 的创意策略和方法，详细的内容不在此叙述。本书只讨论 Gordon 用激进式创新方法设计赛车的案例。

在 1981 赛季初，作为 F1 主管部门的 FISA，引入了新的规则，希望减少"地面效应"对赛车的影响。莲花赛车早在三个赛季前就通过改变赛车设计来有效利用地面效应：低底盘、平整光滑的车底、灵活的侧裙和精细的空气动力学设计，使车产生向下的黏地性，从而增加车轮的摩擦力来提高效率。这意味着能够产生更快的转弯速度，到 1980 赛季，有人开始担心安全性及赛车转弯时车身两侧施加给驾驶员过大的压力。1981 年，FISA 设定了所有赛车底部必须具有 6 厘米的离地净高，希望能够消除或大幅减少地面效应。这一规则的改变激发了 Gordon Murray 的创新设计。他说："1981 年获得冠军的赛车完全是为了适应新规则而设计出来的。你坐在那里看着改变的规则并思考，我们该怎么办？见鬼！怎样才能重新利用地面效应？"

Gordon 意识到 F1 主管部门肯定明白：在比赛过程中的某些时刻，任何赛车的离地净高都会小于规定的 6 厘米，很简单，刹车、转弯等原因都会造成这种情况。Gordon 的激进式解决方案的概念就是得益于这种不可避免的情况，他坦言这是长时间思考问题之后的灵光一闪。发现无法通过驾驶员操作或机械装置来改变离地净高后，他开始关注能够对移动中的赛车产生作用的物理作用力。他觉得刹车和回转力会对赛车产生不对称的力，因此不能为之所用；如果从空气动力学的角度对赛车进行重新设计，使高速运动中赛车顶部的气流能够均匀作用于赛车顶部，就可以加以利用了。Gordon 解释了这个设计的挑战性在于让自然的下压力迅速作用于赛车顶部，而且在赛车转弯的时候以某种方式产生持续向下的作用力，而当赛车停下时自然地恢复到离地净高 6 厘米。Gordon 建立了问题：如何只在赛车高速运动时，利用自然作用力，临时性持续降低车身。

　　Gordon 开发的独创性解决方案中包含了在每个轮子上安装与液压油箱相连接的油气悬挂支架。当车高速行驶时，空气动力产生的下压力作用于赛车顶部，使轮子上的油气悬挂支架受力，其中的液压油体就释放到油箱。最后的诀窍就是找到一种方法，当车停下的时候，液压油体能够以非常慢的速度流回油气悬挂支架。在转弯时，油汽悬挂支架会保持低位，但是在比赛快结束逐渐减速直至停下的过程中，液压油体会从油箱回流到油汽悬挂支架，使车处于新规则规定的 6 厘米离地净距离状态。Gordon 和他的设计团队借鉴了医疗技术中的微过滤装置原理，开发了这个系统。这套油气悬挂系统是激进式创新的例子，设计师采用关注特定的问题方式来构建问题，并创造性地利用了基本物理作用力来解决问题。

## 策略的比较
Comparing the Strategies

尽管这三位设计师设计的产品不同（自行车行李架、缝纫机、赛车），但是对这三个案例的研究显示出了三位设计师在设计过程中的某些共性。首先，三位设计师在概念产生和概念细化阶段都明确地或隐含地依赖"基本原则"。 Victor Scheinman 严重依赖于基本的三角结构原理来达到硬度和强度，他认为这对自行车背包架的设计非常重要。Gordon Murray 强调创新设计必须"始终着眼于基本的物理原理"，为了在设计中重新利用地面效应，他专注于作用在行驶中赛车的物理作用力。Kenneth Grange 对基本原则的态度稍稍不明确，但是很明显的一点是他强烈坚持"形式追随功能"的现代主义设计原则；他解决设计问题的方式是"设法按功能进行分类，逐一突破，再总体上形成一个方向"。这种方式在缝纫机的设计中表现得非常明显，主要体现功能性和可用性。因此，使用"基本原则"似乎成为这三位设计师运用知识和技能至关重要的一方面。

其次，三位设计师似乎都从一个独特的观点探索问题空间并构建问题框架，目的是激发和孕育设计概念。某些情况下，他们似乎还将这种个人的独特观点带到他们的设计中。例如，Kenneth Grange 从情感上非常厌恶被他认为是设计矛盾的东西（产品无法很好地适应用户和使用模式）。他说："我认为这是对待任何事物的态度问题。我的态度是希望人能够愉悦地使用产品。"非对称布局的基本概念源自缝纫机的操作过程，还有圆角边缘是客户想要的新形式。Victor Scheinman 也使用了独特的可用性观点为自行车背包架构建了问题，为此，他像 Kenneth Grange 一样，利用了使用该产品的个人经验。对 Victor 来说，很快浮现出了"自行车的稳定性是关键问题"，因此"背包架必须牢固，要非常牢固"。他由此提出了三角形的设计概念，也形成了独特的产品造型，从而满足了客户追求独特卖点的需求。从缝纫机和自行车背包架的例子可以看出，设计师个人化的问题框架和基本原则的使用引导了设计概念的产生，它能够将设计师的目标（代表用户）与客户更多的商业目标结合起来。在赛车设计的案例中，Gordon Murray 的问题框架受到了他所关注的一个问题的影响，"怎样才能重新利用地面效应？"目的是在满足 FISA 新规则要求的情况下增加速度。他建立了问题框架，并以"基本物理现象"为第一原则，进而提出了变的油气悬挂系统这一独特的概念。对于这三位设计师来说，他们的问题框架都源自独特的设计状况的需求，但是很大程度上都受到他们个人动机的影响，不管他们纯粹是为了提升用户使用产品的愉悦性，还是不顾法规的限制去追求最快的速度。

最后，从这三个案例来看，设计师设定了问题目标的标准，客户也有接受解决方案的标准，只有处理好这两者之间的矛盾，创造性的设计才有可能出现。这种矛盾在 Gordon Murray 的设定策略中尤为明显，他的挑战是设计某种解决方案避开主管部门设计的法规性标准。在 Kenneth Grange 的案例中，潜在的矛盾是客户提出了改变产品造型风格的要求，然而他的目标是提供给用户具有更强功能的产品。正如他说的："设计师的客户会有其商业目的。他们请设计师为产品设计新的形象时，通常不会要求设计师从产品的可用性和功能性出发去解决问题。"用户要求稳定且牢固的产品，而客户需要具有独特市场卖点的商品，Victor Scheinman 也曾处理过类似的矛盾。

图 5.2 说明了三个案例在策略上的相似之处。每个案例中，顶层是处于设计师争取达到最高目标和客户设定基本标准之间的一对矛盾或潜在矛盾。在中间层，设计师以个人的方式构建了问题，并提出与问题匹配并满足客户标准的概念性方案。在底层，三位设计师都使用了基础物理学、工程学和设计的基本原理将问题框架与解决方案连接起来。

图 5.3 是对三个案例的详细情况进行概括和归纳而生成的模型。在最底层，设计师依靠明确且无争议的基本原则的知识，

这些可能是特定领域或较普通的科学知识。在中间层，特别运用了经过策略性加工的知识，这类知识更加多变，处在隐性的并且可能个人化的特定问题及其语境之中。顶层是个混合体，设计师坚持相对稳定但通常是隐藏的目标，而客户和其他行业权威设定了明确的且不可动摇的临时性的标准。

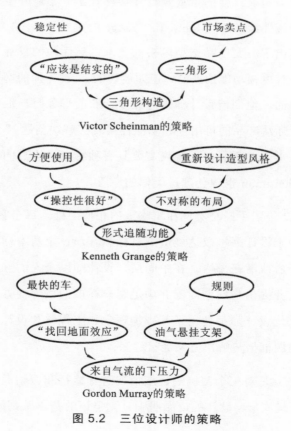

图 5.2　三位设计师的策略

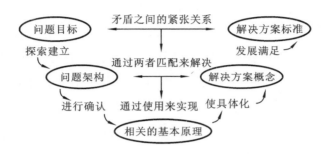

**图 5.3 三位设计师采用的创造策略的通用模型**

# 设计的专业知识
## Design Expertise

　　三位设计师的创造性专业知识中似乎出现了共同的三个关键的策略方向：①采用全面的"系统方法"处理问题，而不是受限于狭隘的问题标准；②用独特的甚至是个人的方式来构建问题框架；③以"基本原则"为起点进行设计。设计理论家或方法论学者曾经也不时地介绍过这些策略方法。例如，Jones 在1970 年介绍了一套系统论的方法；在 1983 年，Schön 证实了"构建问题框架"的重要性；还有，French 在 1985 年 及 Pahl 和 Beitz在 1984 年分别强调了在工程设计中将"基本原则"作为设计指南的重要性。然而，这些观点和建议并没有让人信服的证据，也不是对设计专家进行实证研究的结果。本章中的研究却能够为这些观点提供佐证，或许还能提供更多关于技术熟练的专家级设计行为的客观证据。

图 5.3 中的通用模型也试图整合各种孤立的观点，或许能提供一个更全面的视角来理解设计中出色的创造性思维。例如，设计教育和设计实践经常强调"基本原则"的使用，但是在问题框架构建之前，并没有明显地利用具体的基本原则。在设计的语境中，这个模型和案例或许有助于明确地表达其他学者一般性的观察结果，也有助于表现出"宽度优先"的设计专家方法与"深度优先"的设计新手方法的对比。

从三个案例的分析情况来看，三位顶级设计师在采取创造性策略上存在着相似之处。当考虑到三位设计师所涉及的设计项目之间的巨大差别时，或许我们会很惊讶地发现看到他们之间还能存在如此多的共性。然而，跨领域中创造性策略的相似点并不意味着专家们就能够成功地进行跨领域设计实践。1996年，Ericsson 和 Lehmann 的研究发现，有出色表现的专家们通常都是专注一个领域，并不进行跨领域设计实践。长期专注于一个领域，似乎依然是获取设计师专业化知识的决定性因素。

通过回顾性访谈和口语分析研究，我们找到了不同领域中设计师采取的创意策略的相似点，有必要对此进行分析和讨论。到目前为止，我和其他研究人员已经分析了那些设计专家的技能，但是分析的精确性和相关性还需要相关方法来验证。传统的分析方法会影响分析的有效性，那么如何了解设计专家是怎样运用设计方法？设计专业知识的本质是什么？唯一的办法是加强对设计专家的案例分析。只有这样，我们才能对以上的问题取得更多的共识。

# 第 6 章

# 理解设计认知*

Understanding Design Cognition

　　通过口语分析和对其他设计活动的实证研究，我们了解了设计认知，本章将重点讨论与之相关的问题。我会摘选部分已经被研究证实且达成共识的研究结果，并明确相关议题，即如何应用研究成果（比如在教育领域），以及如何进行深入研究。我尝试从跨学科或独立范畴的视角将相关研究成果和不同领域的专业设计实践联系起来。研究和分析设计活动的所有方法中，口语分析法是近些年来最受关注并被广泛使用的一种实证研究方法。虽然我们之后也会谈到该方法的局限性，但不得不承认它是最有可能（或许是唯一能）揭开设计师式认知能力神秘面

---

*本章内容首次公开在"设计中的认知和学习"国际工作坊，美国乔治亚州亚特兰大市，1999 年，首次以"设计认知：来自口语分析和其他设计活动的实证研究的成果"为题发表于《设计认知和学习：设计教育中的认知》，C. M. Eastman，W. M. McCracken 和 W. C. Newstetter 编辑，爱思唯尔出版公司、牛津大学出版社共同出版，英国。

纱的方法。

我们用来分析设计认知的语言及概念都来自于研究问题求解行为（problem solving behaviour）的认知科学领域。然而，设计并非普通的"问题求解"过程。因此，我们需要建立一套适用于讨论和分析设计认知的概念。例如，设计过程中发现问题与解决问题同等重要，还需要在问题的构建及界定过程中做大量工作，并非仅仅被动地接受给出的问题。本章的第一个主要内容是我对设计认知中的调查结果、模式及争议问题的解释，也就是设计师如何界定问题。第二个主要内容是关于设计师如何提出解决方案，因为提出一个满意的设计方案是设计活动的重要目标。第三个主要内容是关于设计师处理问题所采取的策略，因为在理解和组织设计过程的方法中，尤其是在设计教育的语境中，存在许多有意思的内容。

## 问题界定
### Problem Formulation

大家普遍认为设计问题只能是一种未明确定义的问题。设计项目中根本无法完全确定什么是问题；只能是客户给出宽泛的定义，许多约束条件和准则可能并不明确，任何参与项目的人可能都明白目标会随着项目的进行而被重新定义。在设计中，通常只有在激发创意解决方案时，与之对应的问题才会得到明确定义，设计师在初次定义设计问题时通常都不会很严格。

其中一个令人担心的情况是有些设计研究领域已经用明确定义的方式（well-defined ways）来阐述设计问题。这样做旨在克服解决未明确定义问题时所带来的一些无法避免的困难。然而，设计师的（设计）认知策略的前提基础就默认问题为未明确定义的。Thomas 和 Carroll 对多种创造性的问题求解任务及设计任务进行了口语分析研究和观察性研究。其中一个研究发现，设计师的行为特征是把给定的问题当做未明确定义的问题来处理，甚至在处理封闭式问题时，他们也会改变目标和限制条件。Thomas 和 Carroll 对此总结："设计是一种解决问题的方式，解决问题的过程中设计师认为问题本身、问题目标及初始条件都具有不确定性，甚至初始条件都存在相互转换的可能性。"这意味着，即使作为一个普通的问题解决者，也无法改变其作为设计师的本性。

## 目标分析
Goal Analysis

设计的此种"不良行为"在较早期的正式研究中已经有记录。在最早的有记录的（建筑设计的）口语分析研究中，Eastman 发现："所有的口语分析中都提及了对应问题的一种方法：先考虑确定适当的目标作为研究对象，而不是建立抽象的关系和生成属性特征，从而形成值得探索的设计要素。"这就是说，在充分界定问题之前，设计师的研究对象就会转到解决方案（或局部解决方案）的创意点上。这说明，设计师以解决方案为导向，而非以问题为导向；对于设计师而言，重要的是解决方案的评价，而非问题的分析验证。

不仅问题的分析验证在设计中是行不通的，甚至在问题目标和约束条件已知或已明确的情况下，它们也并非神圣不可侵犯。设计师会在理解问题和确定解决方案的过程中改变设计任务目标和约束条件，这就是设计师的行为特征。Akin 对建筑师做口语分析研究得出的结果是："设计行为有其独特的一面，即持续产生新的任务目标和重新定义约束条件。"正如 Ullman 等指出的，只有一部分约束条件来自于设计的问题；另外一部分约束条件是设计师从专业知识中引入的；其余的则是设计师在探索具体的概念性解决方案中派生出来的。

针对设计概要中未明确定义的设计问题，界定适当的且关联的问题结构并不是一件容易的事——这需要设计师在收集和组织信息、判断解决方案产生时间这些方面有丰富的经验。Christiaans 和 Dorst 对工业设计专业的低年级和高年级学生分别进行了口语分析研究，发现有些学生在信息收集这一环节停滞不前，而解决方案产生的过程却很顺利。有趣的是，他们发现这种现象在低年级学生中并未出现，低年级学生并不收集太多信息，而是趋向于"解决一个简单的问题"，并没有意识到许多潜在的标准和困难。而高年级学生分成了两类。其中解决方案比较有创意的一组，"对信息量要求不多，处理快速，并且有意识地建立问题的意象图（译者注：在设计之前，用来分析产品或问题的一种方法），这让人印象深刻"。另外一组却收集了大量信息，但对他们来讲，"收集信息只是浪费了时间，拖延了设计进度，并没有进行太多实质性的设计工作"。

Atman 等人对工程设计的学生进行口语分析研究之后，有了同样的发现，设计新手（没有设计经验的大学一年级新生）"用大部分的时间去定义问题，却没有做出像样的设计"。然而，在高年级学生中，Atman 等人确实发现了他们关注"问题的范围界定"（也就是，"分析问题之前充分地设定问题"，包括收集数量尽可能多的、范围尽可能广的与问题相关的信息）并最终做出较好的设计。和工业设计的学生一样，一些工程设计的大一新生似乎也卡在了问题的定义这个环节，也就无法进入设计过程的下一个阶段。

## 解决方案聚焦
Solution Focusing

许多研究表明，设计师能够快速得出方案的雏形，并同时将其作为探索和定义"问题-方案"的手段。然而，并不是所有的问题解决者都会采用这样的策略，他们通常会在寻找解决方案之前就试图做到彻底地定义或理解问题。Lawson 在科学家与建筑师解决问题的行为对比实验中证实了这种差异。设计师关注于解决方案（解决方案聚焦），而科学家却关注于问题（问题聚焦）。

Lloyd 和 Scott 针对有经验的工程设计师进行口语分析研究发现，设计师是否采用解决方案聚焦的方法与其工作经验及工作类型有关。经验越丰富的设计师越多地采用生成式推理（译者注：作者在前文中提到的溯因推理是设计师独有的推理方式，与演绎推理和归纳推理并列，而生成式推理属于溯因推理），而经验相对欠缺的设计师多用演绎推理。尤其是在某个设计领域拥有丰富经验的设计师，更倾向于通过提出假设性解决方案来处理设计任务，而不是用大量的时间来分析问题。Lloyd 和 Scott 总结出，"我将设计师在某个领域拥有丰富的设计经验称为特定问题类型的经验，设计师凭借这种经验能够采取推测性的方法提出解决方案，并以此来构建或理解设计问题"。

## 问题与解决方案协同进化
Co-evolution of Problem and Solution

设计师倾向于把假设性解决方案作为进一步理解问题的手段。因为孤立于解决方案之外的问题不可能被充分地理解，很自然地，假设性解决方案就被当做探索和理解问题的一种辅助手段。正如 Kolodner 和 Wills 通过对工程设计专业的高年级学生进行研究得出的结果："提出的解决方案通常会直接提醒设计师考虑重要问题——问题与解决方案协同进化。"

设计就是解决方案空间和问题空间的共同进化（译者注：问题空间这一概念由美国信息加工心理学创始人 A. 纽厄尔和 H.A.西蒙提出，是指问题解决者认知问题的状态，由问题所包含的相关信息构成，认知问题的初始状态、目标状态及操作这三个方面定义了问题空间；解决方案空间由一系列潜在的解决方案构成），这一观点也得到了其他学者的认同，Cross 和 Dorst 对有经验的工业设计师进行的口语分析研究就得出了同样的结论。他们提出："设计师从探索问题空间开始，进而寻找、发现或认可局部结构。这种问题空间的局部结构也能带给他们解决方案空间的局部结构。他们利用解决方案空间的局部结构来产生一些能形成设计概念的初步想法，接着进一步扩大和发展这一局部结构……然后他们将这一成熟的局部结构转回到问题空间，再一次利用它的影响扩大问题空间的结构。他们的目的是创造一对相配套的问题-解决方案组合。"

## 构建问题框架
### Problem Framing

设计师不能局限于给定的问题，而是要在宽泛的设计概要中发现并界定问题。Schön 将这种独特的反思性实践看做是问题设定："问题设定是一个过程，这个过程包括确定待处理的事物和建立一个用来处理确定事物的语境，这两者是交互式进行的。"设计行为中问题界定的过程被认为很好地体现出这种反思性实践的独特性。设计师选择问题空间的某些特征并进行处理（命名）和确定解决方案空间的范围，并在此范围内进行探索（构建）。Schön 提出："为了界定一个待解决的设计问题，设计师必须构建一个不确定的设计状况——设计界限，选择、关注特有的事物和关系，并赋予这种不确定的设计状况一种能够带动后续进展的连贯性。"

针对建筑师的研究中多次提到了这种问题架构。Lloyd 和 Scott 对建筑师（多半是建筑专业的大四学生）进行了研究并指出："在每个口语分析研究中，都会有设计师陈述阶段，设计师会总结自己是如何理解问题的，或者对问题所呈现的语境结构做更详细的分析。"他们认为这种"理解设计语境的方式"是设计师的问题范式（译者注：范式是哲学概念，由美国哲学科学家库恩提出，本书作者提出设计领域的问题范式是相对于科学领域的科学范式而言的，主要是指设计师认知并解决设计问题的独特的思维方式）。正如他们早期对工程师的研究一样，Lloyd和 Scott 发现，之前有过这种特定问题类型经验的建筑师拥有他们作为设计新手的同事不具备的设计方法：经验丰富的建筑师的方法以强烈的问题范式或指导主题（译者注：指导主题是建筑设计师的经验性总结）为特征。经过访谈和口语分析研究，Cross 和 Clayburn Cross 也认同问题架构或利用可靠的指导主题或原理的重要性，而这些都出现在杰出的工程设计专家的设计行为中。Darke 对优秀的建筑师进行了访谈并指出：为了能够设定问题的界限和解决方案目标，建筑师利用可靠的指导主题作为基本的出发点。

Schön 指出，"问题的架构工作很少能在设计过程的开始阶段一次性完成"。Goel 和 Pirolli 对不同类型的设计师（建筑设计师、工程设计师和教学系统设计师）进行的口语分析研究也证实了这一点。他们还发现，问题架构活动不仅在设计任务的初期占主导地位，而且会在整个任务的过程中周期性地重复出现。

通过对一组工业设计专业的学生进行研究，Valkenburg 和

Dorst 试图将 Schön 的反思性实践（reflective practice）理论（见第 3 章内容）进一步发展并应用于团队设计活动中。通过对成功和失败的设计团队进行比较研究，Valkenburg 和 Dorst 强调了设计团队中问题架构的重要性。他们发现，在整个项目过程中，成功的设计团队连续 5 次对不同的问题进行架构分析并分别提出 5 个不同的问题框架，相比之下，不成功的团队却只有 1 次。失败的设计团队把较多的时间用在命名那些识别潜在问题特征的活动上，而不是发展解决方案的概念。

## 解决方案的生成
### Solution Generation

设计师行为中解决方案聚焦的本性似乎是为了应对未明确定义的问题而生的。未明确定义的问题也就不用转换成明确定义的问题，而设计师就可以顺理成章地采用更加可行的策略去寻找符合要求的解决方案，而不是期待能够为明确定义的问题找出一个最佳的解决方案。然而，这种解决方案聚焦的行为特性似乎也有潜在的缺陷。这种缺陷也许就是思维定势，即受到现存解决方案的影响。

## 定势

Fixation

　　Jansson 和 Smith 研究了大四学生和有经验的专业机械工程师针对设计问题所提出的解决方案，并提出了设计中定势（译者注：本文中的定势是指设计师解决设计问题时的倾向性）的影响。他们将参与研究的人员分成两组，并分别下发了一份同样的简单设计需求，不同的是，第二组还额外拿到一份针对设计需求的现有设计案例的说明。他们对比两组研究人员发现，第二组似乎受到了现有设计案例定势的影响，相比于第一组，他们提出的解决方案中包含了更多来自于现有设计案例的要点。Jansson 和 Smith 认为，如果这种定势妨碍了设计师全面考虑那些应该用于解决问题的相关知识和经验，那么它就会阻碍概念设计的产生。设计师可能会很容易地利用已知的现有设计要点，而不是去努力探索问题并提出新的设计要点。

　　Purcell 和 Gero 做了一系列实验来验证和扩展 Jansson 和 Smith 在定势上的研究结论。他们对机械工程和工业设计的大四学生进行了对比研究。初期的成果认为机械工程专业的学生似乎比工业设计专业的学生更容易受定势影响；机械工程专业学生的设计受到先前设计样例的极大影响，而工业设计专业学生似乎并没有受影响，很顺利地做出了多样的设计。Purcell 和 Gero

认为这可能是由于工程师和设计师接受了不同的教育，设计教育更多地鼓励设计师做出多样化的设计方案。在进一步的研究中，Purcell 和 Gero 探索了工程师和设计师对先前的常规方案被替换为一个创新方案时所作出的反应。他们发现，工程师面对常规方案就会在传统意义上被定势，也就是将常规方案的设计特征合并到自己的解决方案中，但是他们会受创新方案中基本原理的影响，也就是他们会提出基于同样原理的创新方案。然而，工业设计师以同样的方式，在同样的条件下，丝毫不受任何一种设计样例的影响，提出了许多种不同的设计新方案。Purcell 和 Gero 因此得出结论：不同于工程师的定势，工业设计师在设计过程中表现出来的定势就是求异，并且设计中的定势可能以多种形式存在。

这并不是说设计中的定势一定就是不好。如上所述，Cross 和 Clayburn Cross 已经做了研究，经验丰富的优秀设计师在问题框架、指导主题和基本原理这三方面表现出了定势。这些设计师为特定的问题建立了框架，再努力提出适合问题框架的概念性解决方案。Candy 和 Edmonds 对优秀的自行车设计师进行了研究，Lawson 对优秀的建筑师进行了研究，他们都发表了类似的观察结果。这种强大的定势似乎普遍存在于拥有高度创意能力的设计师个体中。

## 依赖概念
Attachment to Concepts

存在于设计师中的另一种定势的表现形式就是他们依赖于初期的概念方案和想法。设计师会改变设计目标和约束条件，但他们似乎会尽可能地抓住他们初期最重要的概念方案不放，甚至在概念方案的发展过程中遭遇意外的困难、方案中出现明显缺陷的时候也是如此。有些时候设计师在设计过程中改变目标和约束条件是因为遭遇了困难，但他们不想重新构思新的方案概念。例如，Rowe 在对建筑设计师的研究案例中提到："初期的设想对后来解决问题的方向产生了决定性的影响……即使遭遇很大的困难，设计师也会尽最大努力让最初的设想变得可行，而不是退而求其次。"

Ullman 等人在对有经验的机械工程设计师进行的口语分析研究中也观察到了同样的情况。他们发现"设计师的典型特征就是始终如一地坚持一个设计提案"，并且"在明知设计提案中存在较多问题的情况下，依然选择对方案进行修正而非彻底放弃再重新提出新方案"。Ball 等人对电子工程专业大四学生的一个实际操作设计项目进行了研究，也有类似的发现："设计师提出一个解决方案后，即使发现该方案并不尽如人意，他们也不愿意再花时间寻找更好的替代方案。他们依然对该解决方案有信心，并且更愿意努力对此进行修正，直到它切实可行为止。"

Ball 等人将这种行为看做是对初期概念的定势并满足于简单的设计策略，它与那些利用更好的动机来达到最优化目标的设计过程形成对比。他们难以解释这种明显的无原则的设计行为。然而，坚持初期的概念并满足于简单的设计策略似乎是正常的设计行为。Guindon 对有经验的软件设计师进行了研究，发现"设计师在设计过程的初期就采用了核心的解决方案，并且不在深度上进行详细描述。如果设计师重新为设计中的子问题找到了替代方案，那么他们立即会用首选的评价标准来进行权衡分析，最终会放弃除了一个替代方案之外的其他所有方案"。Allen 早期研究了为航天工业做过设计研究项目的设计团队，也发现在初期被优先考虑的技术参数在项目中容易成为主导优势，并且"一旦某一技术方法被优先选中，设计师就很难放弃它。另外，它处于主导地位的时间越长，就越难被放弃"。但是这未必就是不恰当的设计行为，因为 Allen 发现设计项目中出现的替代方法越多，最终设计的质量越差："设计团队在设计项目进展的过程中提出的解决方案级别越高，提出的新方法会越少。这在某种程度上意味着，只有当偏爱的方法遭遇困难时，新的方法才会产生，并且有可能这是设计团队能力较差的一种表现。"

　　然而，通过对工业工程专业的大四学生进行研究，Smith 和 Tjandra 得出了与上文中关于定势研究相反的结论。他们发现高质量设计方案的产生似乎依赖于对初期方案概念的重新思考。他们对九个四人小组进行了实验，每个小组承担一项基于彩色三角形的二维组合的人工设计练习，而这些彩色三角形拥有不同的功能属性。小组的每个成员扮演不同的角色（建筑师、热能工程师、结构工程师和预算师）。Smith 和 Tjandra 的其中一个发现就是"设计获得前三名的三个小组在设计过程中都选择放弃初期的设计方案而重新提出新的设计概念"。该项设计比赛中的成功者似乎是唯一能够并且愿意克服定势的设计师。但值得强调的一点是，这项研究是基于角色扮演的设计比赛和人为设定的设计问题，并不能与真实的设计项目相提并论。

## 替代方案的产生
Generation of Alternatives

　　或许，优秀的设计师在一开始就能够提出好的设计概念，就不会在设计的后期过程出现彻底返工的情况。或者，优秀的设计师能够从容地面对设计概念发展过程中所遇到的困难并且顺利地作出恰当的调整，而不是回到起点重新寻找替代的设计概念。不管如何，似乎设计师都不愿意轻易地抛弃初期的设计概念，再重新提出各种替代方案。这似乎确实与设计理论家所推崇的原则性的设计方法不相融，甚至与"概念性解决方案的探索有助于设计师理解设计问题"的理念相冲突。在设计过程中提出多个概念性解决方案应该更加有助于理解设计问题并给出更加综合的评价。

Fricke 在 1993 年和 1996 年两次对工程设计师进行了口语分析研究，发现在设计过程中产生过少或过多的可替代的设计概念都不是好策略，最后都提不出好的设计方案。当设计概念过少或只有一个时，探索设计方案的空间会受到不合理的限制，设计师会过早地定势于具体的解决方案。设计概念过多时，探索设计方案的范围会过于宽泛，设计师会将大量的时间用于组织和管理大量的概念性方案的变体（译者注：变体指的是具有多种可能性的方案），而不是专注于评估、调整和细化设计概念。Fricke 认为成功的设计师能够很好地平衡两者之间的关系。

Fricke 还发现描述设计问题的细致程度会影响设计师提出替代的概念性解决方案。设计师若能详细地说明设计问题，就会根据问题提出更多解决方案的变体；反之，提出的解决方案数量就会越少。这或许说明了越积极有效地进行问题架构，越容易产生令人满意的概念性解决方案，前提是设计任务必须是不明确的。面对明确的设计任务，设计师没有足够的余地进行有效的问题架构，只能提出一系列的概念性方案并筛选出令人满意的一个。

## 创造力
Creativity

设计师总是强调直觉在产生设计方案的过程中的作用，创造力也被广泛地认为是设计思维中一种必备的要素。创意设计经常以设计过程中出现重要突破为特征，通常被称为创意飞越。近来关于创造性活动的研究开始试图更清晰地解释设计的神秘性。

Akin 首先研究了经典的九点连线游戏中创造性解决问题的行为，在这个游戏中，定势通常表现为阻碍受试者找出解决方案（在这个游戏中，将九个点以三横三竖的方式进行排列，要求受试者用连续的四条直线将九个点连起来。受试者通常会认为他们画的线必须在九个点形成的隐形方块范围内，然而正确答案需要将线延伸到隐形方块范围之外）。然后，他们将研究从九点连线游戏延伸到一个简单的建筑设计问题，并比较了非建筑设计师与有经验的建筑师处理这一问题的口语分析。在这些研究中，Akin 试图寻找创造性的问题解决案例中经常提到的"灵光一闪（sudden mental insight，SMI）"的情况。他们提到了定势的影响，就如作为参照系（frame of reference，FR）的九点隐形方块只有被打破，才能产生创造性的解决方案。他们认为受试者应当将他们自己的定势思维看成一个标准的参照系，同时建立一个新的参照系。新的参照系还必须包括生成解决方案的过程。有经验的建筑师拥有这种过程性知识，而建筑设计新手并不拥有，他们不会提出超越常规解决方案的任何其他创新方案。Akin 总结道：提出一个创造性的解决方案，需要打破传统的参照系和同时建立一组新的参照系，并以加强创意过程的方式重构问题。新的参照系必须以最小限度确定一种合理且具有代表性的方法（允许超越原有的参照系进行探索）、一个设计目标（超过在原有参照系下取得的成就），还有一组与表现范围和设计目标相一致的流程。

这似乎与 Schön 提出的框架（frame）概念相类似，允许并鼓励设计师探索新的设计策略，并且还要反映新的设计策略带来的新发现。但是，当不恰当的定势出现时，框架就必定是一个消极的概念性结构。

Akin 的结论与 Cross 对创意活动的研究结果（见第 4 章）相吻合，Cross 的研究是基于工业设计团队合作的口语分析。"真空成形的小托盘"这一概念的提出类似于灵光一闪，提供了一个全新的且具有创造性的参照系，符合上文中提到的 Akin 的标准。

也许创意飞越或灵光一闪并不是前文提到的个人的特异功

能。对有经验的工业设计师进行口语分析研究后，Cross 和 Dorst
发现所有九位受试者都表示经历了同样的创造性突破。所有九
位都将一些有效信息片断联系在一起，并且以此作为他们提出
概念性解决方案的基础。所有九位受试者都认为这就是一种独
特的个人洞察力。

## 设计草图
### Sketching

　　多位设计研究者对设计草图如何有助于提升设计思维创造
力进行了研究。设计草图有助于设计师发现意外的惊喜，所谓
惊喜就是 Schön 和 Wiggins 所说的根据情境的反思性对话，它
是设计思维的独特个性。它能够推动设计过程持续进行，也是
设计思维的一大特点。Goldschmidt 称之为"草图的辩证思维"：
设计师在"看见"和"看做"之间进行想法的交换，"看见"是
反思性的批判，而"看做"是类比推理和对草图的重新解读。
Goel 认为设计草图不仅能帮助设计师在设计概念持续发展的过
程中进行纵向转换，也能够帮助设计师在解决方案空间里进行
创意方案的横向转换：带来创新的多个选择。Goel 特别提到了
设计草图与生俱来的不明确性，并且认为这是设计草图作为设
计工具的积极的特征。

　　设计草图不仅能够将设计概念形态化或具体化，还有助于

设计师思考并确认设计的功能等内容。Suwa、Purcell 和 Gero 认为设计草图至少有以下三个作用：作为外在的记忆体将想法以视觉的形式记录下来，为探讨设计的功能性问题提供视觉空间和思路，为能够在设计情境下构建设计想法提供一个物理环境。然而上文中关于草图的研究主要集中在建筑设计领域，Ullman 等人对机械工程设计中的草图进行了研究并强调了其重要性，Kavakli 和 McGown 等人都对产品设计中的草图做了相关研究。而 Verstijnen 等人则研究了设计草图非常出色和不熟悉设计草图的工业设计专业的学生之间的区别，结论是设计草图非常出色的学生能够受益于心理意象的外化，也就是说，视觉化的设计草图有助于他们思考设计问题。

## 过程策略
Process Strategy

　　设计方法论和设计研究相关领域中涉及的一个内容是，试图提出系统化的设计流程模式和关于方法论或组织方法的合理建议，这有助于设计师有效地提出好的解决方案。然而，大多数设计实践依然以临时性的和非系统化的方式进行。许多设计师依旧对系统化的流程持谨慎态度，总之，系统化的流程和方法依然需要证明其在设计实践中的价值。

## 结构化（的）过程
Structured Processes

学习系统化的方法是否真能帮助学生设计师，这一点仍然值得怀疑。Radcliffe 和 Lee 的研究认为，系统化的方法对学生有帮助。他们对 14 名机械工程专业的大四学生进行了研究，将他们分成两至四人的小组开展设计项目。在分析结果时，Radcliffe 和 Lee 通过与一个理想的有组织的七步流程进行对比，计算了受试者的设计过程顺序的线性回归分析。他们发现使用设计流程（越接近理想的流程越好）的高效程度与学生设计作品的数量与质量成正比关系：设计方案的质量或效用与学生执行设计流程逻辑顺序的程度存在着正比关系。

Fricke 研究了许多机械设计工程师，他们都拥有不同程度的实践经验，接受过不同程度的系统化设计流程的教育。他发现遵循一种弹性且系统的方法的设计师都容易产生好的解决方案。这些设计师，不论是否接受过系统化方法的教育，都能够合理有效地遵循合理的系统化方法进行工作。相比之下，设计师若过于死板地坚持一种方法步骤，或使用毫无条理的方法，其创作的设计方案就很难令人满意。如此看来，不管有没有受过系统化设计的教育，设计师都需要练习并积累复杂的策略技巧。

一些相对简单的设计过程活动模式已经像传闻一样经常被提及。例如，设计活动的流程大概就是"分析—综合—评价"，然而这类设计过程活动的模式虽然时常被提出或被设想，但基本上未被验证过。

McNeill 等人希望能够通过研究电子工程师证实这些基本模式，这些受试者包括从大四学生到经验丰富的专业人员，他们拥有不同经验值。其研究证实，除了"分析—综合—评价"的短期循环，还存在贯穿整个设计过程的趋势：从花费大量时间分析问题开始，主要综合分析解决方案，并且以花费大量时间评估解决方案来结束设计过程。研究还证实了一个贯穿设计过程的假设性连续发展过程：从考虑功能需求开始，然后是潜在方案的结构，最后是这些解决方案的特性。不出意外的话，他们通常的结论就是："一位设计师从分析问题的功能方面开始启动一个概念设计项目。随着项目的发展，设计师会专注于功能、行为和结构等三个方面，并进入'分析—综合—评价'的迭代过程。在设计项目的后期，设计师的活动聚焦于结构的综合分析和性能的评估。"

## 机会主义
Opportunism

有些研究是为了证实有组织的设计行为是广泛存在的，而且相互之间存在一定的关联性，另外也有一些研究却强调设计师的机会主义行为。它强调设计师偏离组织计划或系统方法，转而选择吸引他们注意力的、投机取巧的方式来解决争议问题或提出局部解决方案。例如，Visser 对一个有经验的机械工程师做了纵向研究，准备了一份设计规范。这位机械工程师被要求按照一种有组织的方法进行设计，但是 Visser 发现他经常性地偏离计划。"这位工程师为他的活动做了分阶段的计划安排，但是他并没有完全按计划去执行，而是以降低认知成本为目的进行有选择性的使用。如果低成本的认知行为出现，他就弃用计划。"因此 Visser 认为降低认知成本，就像始终坚持使用一种有组织的方法就是一种认知负担（the cognitive load），是受试者不按计划执行反而过早地去钻研、确定局部解决方案的主要原因。

Guindon 对三位经验丰富的软件系统设计师进行了口语分析研究，并强调了设计活动的机会主义本性，还强调"设计师经常性地偏离一种自上而下的方法。这些结果并不能解释设计流程的模型，而是通过设计流程能够预先进行问题说明并理解它，另外设计方案也能在设计流程中以一种自上而下的方式被逐步地细化"。Guindon 注意到了问题说明和方案发展的交叉进行，设计师将关注点转到局部方案的发展，并开始探索"灵光一闪"的局部解决方案，她认为这是"以投机取巧的方式发展解决方案"的主要原因。她也提到了认知成本，并认为它是出现这种行为的一种可能性解释："设计师发现随意地遵循一连串的想法更加方便，以极低的认知成本就达到了解决局部方案的目的。"但是，这对提出整体解决方案并无益处。

Ball 和 Ormerod 也批判了过度地强调设计行为中机会主义的做法。他们对资深的电子工程师进行了研究，并发现极少出现偏离自上而下、宽度优先的设计策略。但是当设计师为了评估设计方案的可行性而利用深度优先的方法探索概念性方案时，他们也发现了值得注意的偏离情况。Ball 和 Ormerod 并不认为，这种偶然性的深度优先的探索行为就意味着放弃了有组织的方法。反而，他们认为资深设计师通常替换着使用宽度优先和深度优先这两种方法："许多被称为机会主义的行为，能很自然地与有条理且自上而下的设计框架对号入座，在这种设计框架中，设计师能够在宽度优先和深度优先两种方法之间进行交替切换。"Ball 和 Ormerod 担心的是机会主义被看做无原则的设计行为，是"一种非系统化且层次不合理的流程"，与设想完美的系统化且层次合理的流程形成对照。然而，Guindon 不愿意将机会主义看做无原则的设计行为，并且认为它在设计中是不可避免的："出现偏离并不是由不好的设计习惯或执行不到位所造成的，反而是初期设计问题的无组织所产生的自然结果。"因此，不应该将机会主义的行为等同于设计中的无原则的行为，而应该将机会主义看做是资深设计师行为的独特个性。

## 模式切换
Modal Shifts

来自几份关于认知策略方面的研究结果显示，尤其是在概念设计的创意阶段，设计师能够以轮换的方式快速在不同任务和活动模式之间转移关注点。Akin 和 Lin 对经验丰富的工程设计师进行了口语分析研究，并首次提出了创新设计决策（NDDs）。与普通的设计决策相比，创新设计决策对设计概念的发展来说至关重要。Akin 和 Lin 将设计师的活动分割成三个阶段：画图、检验和思考。设计师的关注点从一个阶段转移到另一个阶段时，考虑到存在一些隐性的重叠或余留的阶段，他们按照单模、双模和三模的方式来表示设计师活动的不同阶段。他们发现了三模阶段与创新设计决策的出现存在着非常重要的关系："所做的八次决策中有六次是创新设计决策，我们发现受试者能够在三种活动模式（画图、检验和思考）中快速自如地进行交替和切换。"Akin 和 Lin 对任何结论的推断都非常谨慎，只是做了总结："我们的资料显示，当设计师超越常规决策并取得设计突破的时候，他们都在以多种不同的活动模式探索他们的创意领域。"

一些关于设计专业学生的研究也提出，在影响设计概念的创意或整体质量方面，频繁切换关注点或活动模式表现出明显的重要性。例如，Cross 等人对工业设计专业大一和大四的学生进行了口语分析研究，他们将学生的设计活动分割成收集信息、绘制草图和反思三种模式。他们认为（在提出创意设计概念方面）比较成功的学生都表现出能够在活动模式之间快速切换的能力。Atman 等人也对工程设计专业的大一新生和大四学生进行了研究，认为设计概念的整体质量与活动之间的快速切换能力有关。我们用设计步骤之间的转移来衡量这种能力，这些步骤包括收集信息、生成概念和制作模型。

## 新手和专家
Novices and Experts

新手通常喜欢采取深度优先的方法来解决问题，也就是说，在深度上不断地确认和探索细分方案，然而专家的策略通常以自上而下和宽度优先的方法为主。但是这样的观点未免过于简单，设计中处理问题的过程和策略非常复杂。Ball 和 Ormerod 将关于自上而下、有结构化的方法与机会主义进行对比，具体说明见前文所述。他们总结道："如果说设计专家仅仅只是采用宽度优先或深度优先的方法就可以解决问题，那么这一定难以令人信服。的确，经验丰富的设计专家更擅长灵活混合地运用多种模式。"他们认为，深度优先的方法能最小化认知负担，而宽度优先的方法能最小化约束条件并优化设计的时间和最终成果。那些观点也十分合理地反映了我们所期望的新手和专家各自的关注点和设计策略。

许多其他专业知识领域的经典研究案例都是基于游戏比赛（如象棋比赛）的例子，或者是基于专家与新手解决常规问题（如物理问题）的对比。这些案例中，受试者定义的都是明确的问题，然而设计师的案例则是以处理未明确定义的问题为特征。我对小说创作和计算机编程等领域中的专业知识进行了研究，相比于设计领域，发现这些研究领域中面对的问题更加难以明确。也就是说，来自其他领域专业知识研究的一些标准结果与来自设计领域中专业知识研究的结果并不相符。例如，设计专家将给予的任务定义为不确定的，即故意地将问题视为开放的、难以明确的，而其他研究领域的专家相比于新手，表现为更擅长使用最简单或更快的方法解决给予的问题。因此，在某种程度上，设计领域的专家看待问题比新手要更加复杂。在解决类似的任务时，设计专家总是从基本原理开始，而非使用现有的解决方案。

Göker 对新手与专家在处理设计相关问题上的表现进行了对比研究——用计算机模拟技术，将类似机器的分类零部件构建和组织起来，达成特定的目标。利用脑电图仪（EEG）对研究过程进行记录是这项研究所采取的独特方法。Göker 发现，专家（熟练使用计算机模拟的受试者）更多地使用他们大脑中与视空间相关的区域，然而新手更多地使用了大脑中与语言抽象推理相关的区域。这表明专家并不用抽象的方式推导出设计概念，而更多的是依靠他们的经验和视觉信息。

## 设计认知中的议题
### Issues in Design Cognition

本章中，我整理了设计认知领域中大量不同学者的研究成果，并列出了一些关键的问题要点，并以跨学科的视角对不同领域的专业设计实践进行对比研究。它们确实存在着许多惊人的相似之处，说明设计认知是一种不受专业领域影响的且普遍存在的现象。

在本书中，我主要专注于口语分析和类似的研究方法及研究成果，忽略了许多其他各种不同类别的研究，而这些被忽略的研究也为理解设计认知及设计活动的特征做出了重要贡献。作为一种调查设计活动的研究方法，口语分析研究存在严重的局限性。例如，口语分析研究在捕捉非语言性的思维过程方面显得有点力不从心，而这恰恰是设计工作中非常重要的部分。Dorst 和 Cross 对代尔夫特设计口语分析工作坊进行了总结：口语分析研究是一种非常有价值但需要特定技巧的研究方法，它能够捕捉一些设计思维方面的细节，却无法知晓设计语境中更多的实际问题。还有其他许多不同类型的研究，比如Frankenberger 和 BadkeSchaub 试图以更宽广的视角来了解问题，包括细致入微地观察生产实践过程。还有如 Bucciarelli 利用民族志方法（译者注：人类学领域重要的研究方法，设计研究领域也经常使用）进行研究。当然还有非常有价值的史料工作，如 Ferguson 研究了绘图在工程中的作用，Roozenburg 为设计推理和逻辑的基础性工作做出了重要的理论上的贡献。

本章在调查了大量研究的基础上，认为针对设计活动的实证研究正在成长，并且确定了大量的共同关注的议题。在许多研究案例中，这些议题依然没有被解决，因此，为了能够更好地理解设计认知，依然要付出相当大的努力。

## 总结：问题界定
## Summary: Problem Formulation

### 目标分析

设计师看起来好像是"表现不佳"的问题解决者，他们不会花大量的时间和注意力去定义问题。然而，设计师的这种行为是正常的，因为一些研究指出过度专注于问题的定义并不会有助于产生成功的设计。成功的设计行为并不是基于大量问题的分析，而是基于对问题范围的充分界定并利用解决方案聚焦的方法展开信息收集。快速设定问题和及时更改设计目标是设计活动的重要特征。

**解决方案聚焦**

设计师解决问题的思路是聚焦于解决方案，而非聚焦于问题。这种设计认知的特征似乎是伴随着设计教育和设计经验而来的，尤其是特定问题领域的经验能够使设计师快速地确定问题框架，并提出解决方案的可能性假设。

**问题与解决方案的协同进化**

提出问题和解决方案协同进化的概念是为了描述设计师如何在设计概念发展阶段同时处理问题和解决方案这两者的关系。设计师的关注点在问题和解决方案两者之间来回切换，逐渐形成问题和解决方案这两个空间的局部结构。设计似乎就是同位（译者注：指的是设计师探索问题和解决方案同时进行，具体请参见第 2 章内容）的探索相互匹配的问题-解决方案组合。

**问题框架构建**

界定并构建问题框架的过程通常被认为是设计活动的重要特征。构建问题框架的概念似乎很好地说明了这一重要特性。成功的、经验丰富的，尤其是出类拔萃的设计师多次作为研究对象出现在各方面的研究中，他们积极主动地进行问题架构，发表他们对于问题的观点，并以此指导探索假设性解决方案。

## 总结：解决方案生成
### Summary: Solution Generation

### 定势

定势似乎是设计活动中的一把双刃剑，新手利用它只能做出保守的、常规的设计，但是优秀的设计师却可以做出创新的设计。工程师和工业设计师（也可以是建筑师）所受的教育在内容上可能存在着差异，相比之下，工程师倾向于固守先前设计方案中的某些特征。

### 依赖概念

设计师容易对早期的某一个概念性设计方案产生依赖，即使在深化概念性设计方案的过程中遇到了困难也不情愿放弃它们。这似乎是设计行为中的一个缺陷，通过教育就能够轻易地改变它。如果改变了设计活动中这种设计师习以为常的"无原则"的和"表现不佳"的特性，就否定了设计认知中设计师的直觉特性，而这种特性实际上非常有效。

## 替代方案的产生

设计师能够提出大量不同的概念性解决方案，设计理论家和设计教育者认为，这是设计行为的另一个特征，但这并不正常。产生大量不同的概念性方案并不是一件好事：一些研究认为限量的概念性解决方案才是正确的策略。

## 创造力

通过实证研究，设计研究人员对颇具神秘感的创意思维有了新的理解。尤其是，他们认为以直觉为基础的并且能够连接问题与解决方案的创意飞越不再是创意设计的重要特征。问题框架构建、协同进化以及问题空间和解决方案空间之间的新的相互关系（具体参见本章前文中的"问题与解决方案协同进化"小节内容），更有助于解释发生于创意设计过程中的实际情况。

## 草图

传统的设计草图依然是辅助设计认知的重要工具，它似乎体现并进一步强化了探索概念性解决方案这一活动的不确定性、模糊性和探索性三个特征。设计草图与设计认知的一些特征密切相关，比如设计师利用它探索和提出假设性解决方案，进一步鉴定和确认发展中合适的概念，尤其是识别概念发展过程中出现的设计特征和属性。关于草图在设计中的作用的研究都强调了它作为设计工具的固有的力量。

## 总结：过程策略
Summary: Process Strategy

### 组织过程

　　按照一种合理的组织过程进行设计，似乎能保证更好的设计成果，然而，僵化的、过度组织的方法并不能带来成功。设计的关键是要灵活运用多种方法，这需要设计师深入地理解设计过程中的策略，并能够有效地控制和使用它。

### 机会主义

　　机会主义的行为听起来像设计师活动的另一个典型特征——"无原则的"且"难以明确的"。然而，就像凭直觉进行设计这种行为的其他方面一样，不应该将设计中的机会主义的行为等同于无原则的行为，而应该将机会主义看做是设计专家的行为特征。显然，设计师的行为越有原则、越有组织，认知成本就越高，设计成果的质量肯定也越高。

### 模式转换

　　一些研究认为，具有创造性且有效的设计行为（译者注：指的是能够产出优秀设计成果的设计行为）似乎与设计师频繁变换认知行为的类型有关系。目前对设计师的这种情况还没有明确的解释，但可能与其需要以交替的方式快速探索问题和解决方案有关系。

## 新手与专家

其他领域的专家在解决问题时所表现出来的专业知识的特征似乎通常与设计专家的行为相矛盾。因此，在设计教育中必须非常慎重地引入其他领域的行为模型。设计活动的实证研究已经多次发现设计行为中直觉是最有效的，并且与设计的固有特征有关系。然而，一些设计理论却尝试建立反直觉的模型并规范设计行为。我们依然需要更加深入地理解设计领域中构成专业知识的内容，并明确如何帮助低年级学生获取那些专业知识。

# 第 7 章
## 设计作为一门学科<sup>*</sup>

Design as a Discipline

　　已经有许多的学者将研究的重点放在如何建立设计与科学之间的联系上，我将在本章的开篇对此做一个简短的回顾。这些研究集中出现在现代设计史上的两个重要时期：20 世纪 20 年代（研究重点为科学的产品设计），以及 20 世纪 60 年代（研究重点为科学的设计流程）。又过了 40 年，我们希望看到更多关于设计与科学的研究出现在 21 世纪。

　　将设计科学化（scientise design）的愿望可以追溯至 20 世纪初的现代主义设计运动。例如，在 20 世纪早期，风格派（De Stijl）倡导者 Theo van Doesburg 阐述了艺术和设计中新精神的观点："我们所处的时代，反对艺术、科学和技术等领域中所有的主观思考。而新精神，已经渗透到了现代生活的方方面面，

*本章内容首发为《设计师式认知：设计学科 vs 设计科学》，"设计+研究"国际会议，米兰理工，意大利，2000。

它反对动物的自发性（animal spontaneity）、反对自然的统治（nature's domination）、反对艺术的混沌（flummery）。为了建造新事物，我们需要一种方法，或者说，一种客观体系。"不久之后，建筑师 Le Corbusier 提出可以将房子看做一种被客观设计（objectively-designed）的生活机器（machine for living）：它包含了一组按规律排列的明确功能。按规律排列这些功能就像一种交通现象（译者注：作者将建筑设计过程比喻成交通警察指挥交通的过程）。让建筑设计过程变得精确、经济和快速是现代建筑科学的重要成就。从这些评论可以看出，通过现代主义运动，我们非常渴望能够基于客观性和合理性，也就是科学的准则，创作出优质的艺术品和设计作品（产品）。

对设计科学化的殷切期望又一次出现在 20 世纪 60 年代的设计方法运动中。1962 年 9 月在伦敦举办的设计方法会议被认为是设计方法运动的代表性事件，也标志着设计方法作为一门学科或研究领域的出现。相比之前，这次新运动更迫切地希望将设计过程建立在客观和理性的基础上（正如当初研究产品设计时的做法）。这次新设计方法的运动主要源于新式的、科学的和计算的方法的应用，以及从第二次世界大战中发展起来的运筹学和管理决策技术在民用领域的应用。

20 世纪 60 年代被技术学者 Buckminster Fuller 称为"设

计科学的十年"，他还呼吁发起一场基于科学、技术和理性主义
的设计科学革命，他认为这场革命能解决政治和经济手段无法
解决的人类和环境问题。Herbert Simon 在 1969 年描绘了人为
科学（the sciences of the artificial）的概念——一种思想上有力、
条理清晰、部分形式化、部分凭经验且能被传授的设计过程学
说体系，并希望它能在大学里得到发展。设计科学运动也在此
时达到顶峰。

　　然而，在 20 世纪 70 年代，设计方法学及其潜在价值遭受
到了强烈的质疑，值得注意的是，这些质疑来自于此运动早期
的领袖们。Christopher Alexander 曾经提出一种建筑和规划领域
的理性方法，现在却说："我从此脱离了这一领域……设计方法
中几乎不存在对建筑设计有价值的东西，我已经不再阅读任何
与之相关的书了……我想说忘了它吧，忘了这整个事情。"另一
位运动先锋，J. Christopher Jones 也说："20 世纪 70 年代，我
反对设计方法。我不喜欢机器语言、行为主义，也不喜欢将自
己的生活放在逻辑框架里。"

　　如果要将 Alexander 和 Jones 的话进行情景再现，就有必要
回顾当时的社会和文化环境——20 世纪 60 年代后期的校园革
命、激进的政治运动、新自由人文主义和对保守派价值体系的
反对。另外，也得承认，科学的方法在日常设计实践中并未取

得多大的成功。Rittel 和 Webber 也提出了一些根本性问题：设计和规划的问题是难以明确定义的，根本无法用科学和工程的技术进行处理，科学和工程的技术只适合处理条理清晰且明确的问题。

然而，设计方法学的发展势头仍然强劲，特别是在工程学领域及工业设计的某些分支中（虽然还是缺少足够充分的证据证明其实践应用及成果）。这方面的成果包括 20 世纪 80 年代提出的一系列工程设计方法和设计方法学书籍，以下列出的仅仅是英文著作的作者，如 Tjalve、Hubka 、Pahl 和 Beitz、French、Cross、Pugh。

20 世纪末的另一重大发展是出现了关于设计研究、设计理论和设计方法学方面的期刊，以及英文出版物，如《Design Studies》（1979）、《Design Issues》（1984）、《Research in Engineering Design》（1989）、《the Journal of Engineering Design》（1990）、《Languages of Design》（1993）及《the Design Journal》（1997）。

设计方法学家是探索设计和学科之间的区别的先锋，他们的许多研究难免会有不足之处，以下是对其观点的引用。

科学家试图证明已经存在的结构组成，而设计师试图塑造新的结构组成。（Alexander）

科学方法是一种问题求解（problem-solving）的行为模式，用来寻找事物的存在规律及特征；而设计方法则是一种用来创造未知事物的行为模式。科学是分析性的；设计是创造性的。（Gregory）

我们必须明确科学与设计之间的区别：那些可能对科学实践至关重要的方法（用于证明结论）对设计实践（结果不能重复，甚至大多数情况下必须不重复）却并不重要。设计研究协会（Design Research Society）在 1980 年举办的以"设计-科学-方法"为主题的会议为传播这些思想提供了机会。会议后大家都认为应该作出改变，不能再简单地将科学和设计进行对比，寻找区别；也许科学中并没有那么多值得设计学习的东西，甚至是科学需要向设计学习。Cross 等人提出，科学的认识论（epistemology）始终处于混乱的状态（in disarray），因而完全没有可供设计认识论借鉴的地方。后来，Glynn 认为，是设计认知论承担起了这样的任务——发展创造力、假设性创新（发明）的逻辑，对科学家来说，这种逻辑是如此难以捉摸。

许多人（如 Cross、Grant 等）多次尝试阐明设计与科学之间的关系，但是依然存在一些困惑。然而，要明确设计与科学之间的关系，我们至少要阐明以下三个词及其关系：①科学的设计（scientific design）；②设计科学（design science）；③一种关于设计的科学（a science of design）。

# 科学的设计
## Scientific Design

我在前文提到，设计的方法起源于科学的方法，它们的关系类似于决策理论与运筹学的方法之间的关系。设计方法运动的发起人也意识到，工业设计之前的手工制作已转变为工业时代的机械化生产——也许有些人甚至预见到了后工业化社会的出现。发展一种设计方法的原因通常是，凭直觉的设计方法已无法满足过于复杂的现代工业设计。

20 世纪的前半叶，许多基础科学获得了快速的发展，如材料科学、工程科学、建筑科学、行为科学。其中一种"设计-科学"关系的观点认为，由于现代设计对科学知识的依赖，以及实践任务中对科学知识的应用，设计能让科学变得可见（design makes science visible）。

我们或许同意这种一种观点：科学的设计是指现代工业化的设计——不同于工业化之前的手工艺设计——是基于科学的知识，同时混合使用直觉的和非直觉的设计方法。科学的设计应该是一个毫无争议的概念，但也仅仅是对现代设计实践的反思。

# 设计科学
## Design Science

　　"设计科学"这个词第一次由 Buckminster Fuller 提出，但 Gregory 在 1965 年的"设计方法"会议上引用了它。如果要发展设计科学，就必须定义设计方法——一种像科学的方法一样简单的方法。此外，还有一些人有志于发展设计科学，如 Hubka 和 Eder 发起了建筑设计工作坊（Workshop Design Konstruction, WDK）及一系列重要的工程设计国际会议（ICED），并组织成立了国际设计科学联合会（International Society for Design Science）。德国的 Hansen 认为设计科学的目标应该是"认识设计及设计活动的法则，并进一步发展其中的规则"。这种论述看起来不过是对设计科学进行简单的系统化设计——用系统化的方法组织设计程序。Hubka 和 Eder 认为 Hansen 的解释不够全面。他们认为，设计科学应该"由一系列设计领域中在逻辑上有关联的知识构成，包含技术信息和设计方法学等概念……设计科学涉及问题的决策、（需要设计的系统中）规律性现象的分类及设计流程。设计科学也涉及知识的获取，设计师从自然科学中获取有用的应用性知识，并以合适的形式应用"。这种定义是"科学的设计"概念的进一步延伸，加入了设计流程和方法学的系统化知识，如设计人造物所需的科学性/技术性的基础知识一样。

因而，可以总结说，设计科学是把有组织的、合理的、完整的系统方法引入设计中；而不仅仅是设计人造物时所需的科学知识的简单应用，从某种意义上来说，设计本身就是一种科学活动。这种观点确实富有争议性，长久以来被许多设计师及设计理论家所诟病。Grant 在他的书中写道：很多设计方法学家和设计师都认为，设计行为本身并不是也不会变成一种科学活动，也就是说，设计本身是非科学活动。

## 设计的科学
### Science of Design

然而，Grant 也明确指出，设计研究可能是一种科学活动，也就是说，设计活动可能是科学研究的主题。设计科学和设计的科学两个概念仍然容易混淆，带给人们许多困惑，因为设计的科学似乎包含着（或以此为目的）对设计科学的发展。但是，Gasparski 和 Strzalecki 明确提出了设计的科学这一概念：它应该像科学的科学（the science of science）一样，被认为是各个分支学科（如设计心理学、设计语义学等）的一个联合体，这些分支学科的研究主体是设计。

在 Grant 这一后续论述中，设计的科学是对设计的研究——

类似于我在别处定义的设计方法学，是对设计的规则、实践和程序的研究。我认为，设计方法学就是"研究设计师如何工作和思考，建立恰当的设计流程组织结构，发展和应用新的设计方法、设计技术和设计程序，反思设计知识的内容、本质及应用"的学科。设计研究需要理解设计的本质。

因此，我们认同设计的科学，它的工作主体是通过科学的（也就是，系统的、可靠的）调查方法来改变我们对设计的理解。因此，必须明确这一点：设计的科学不同于设计科学。

## 设计是一门学科
### Design as a Discipline

Donald Schön 明确地反对了设计科学运动的主要理论基础——实证主义者的学说（the positivist doctrine），并提出另一种建构主义范式。他批评了 Simon 的设计的科学这一概念，他认为此概念以解决明确问题的方法为基础，而通过设计和技术所进行的专业实践不得不面对和处理"杂乱无章、不明确的状况"。Schön 提议寻找一种实践认知论（epistemology of practice），它隐含于实践者进行艺术性创造和凭直觉思考的过程中，具有众多的不确定性、不稳定性、独特性及价值冲突。他将这一过程称为反思性实践（reflective practice）。相比其他实证主义先行者，Schön 更相信有能力的实践者所展示的才能，并对这种才能进行了解释。这种方法已经在一系列的工作坊和会议中得到发展，并于 1991 年起出版成册，名为"设计思维研究专集"。

尽管实证主义者提出以技术理性为基础的人造物科学（the sciences of the artificial），Simon 却坚定地认为设计的科学能够形成一个横跨艺术、科学和技术三个领域，有利于沟通交流的根本性的共有基础。他认为，设计的研究能够进行跨领域、跨学科的研究，可以包括所有人为世界（实际上包含全人类）里的创造性活动。比如，Simon 写道："工程师和作曲家很难理解对方的工作感受。我则建议他们可以试着通过讨论设计进行对话，开始尝试理解各自工作都会涉及的共同的创造性活动，分享他们关于创意和专业设计过程中的经验。"

这对我来说，似乎是一个将设计研究广泛化、普遍化的挑战——从跨领域、跨学科的角度建立一种关于设计的对话方式。我们希望这种对话能够连接各个分支学科，达成共识，创造新知识并重新理解设计。要创建一个跨学科的学科（creating an interdisciplinary discipline），这听起来似乎有点自相矛盾。设计是一门学科，而非一种科学。设计作为一门学科，寻求发展出独立于各领域的设计理论和设计研究方法。这一学科的基本理论是一种与设计师的意识和能力相关的特有的知识形式，这种知识形式独立于不同的设计实践专业领域。就如科学和艺术中的智力文化（intellectual culture），是一种与科学家和艺术家相关的特有的知识形式，因此我们必须专注于设计师式认知、思维和行为。

许多设计研究学者已经意识到，设计实践的确有其自身的强势及合宜的（strong and appropriate）智力文化，而且，我们必须避免因科学或艺术相关文化的干扰，给设计研究带来困难。当然，这并不是意味着我们要完全排斥其他文化。相反，科学和艺术有着更长期的历史沿革、学术研究。我们需要从中吸收适用的精华，建立设计自身的智力文化，使之为世界认可，并维护一定的文化高地。在设计的智力文化中，我们必须能够展示一定的、与其他学科相匹配的严苛标准。

## 设计研究
### Design Research

在 1980 年设计研究协会（Design Research Society）的"设计-科学-方法"会议中，Archer 对研究作出了一个简单有效的定义：研究是系统性调研，以知识为目的。设计研究则关注设计知识的发展、明确化及其传递。从何得到这些知识呢？我认为有三个来源：人、过程和产品。

　　首先，设计知识来源于人，尤其是设计师，但也不同程度地来源于每个人。设计能力是人类的天性。其他动物不会设计，机器（到目前为止）也不会设计。我们经常忽视人类天生就善于设计这一点。我们不应低估自己作为设计师的能力：许多经典的设计既包括出自专业设计师之手的作品，也包括历史长河中无名氏创造的许多本土设计（当地手工艺作品）。

　　随之而来的设计研究课题即是对人类能力的探索——关于人们如何做设计。这既需要基于对设计行为的观察和实验研究，也包含对理论方面的研究以及对设计能力特征的反思。这与以下三个问题高度相关：人们如何学习设计？个体如何发展设计能力？如何通过设计教育培养良好的设计能力？

　　其次，设计知识来源于过程，即设计策略和战术的过程。设计研究的一个主要领域即是设计方法学：研究设计流程、研究设计师的辅助设计技术的应用及发展。许多此类研究都是围绕着设计目标展开的建模（modelling）研究，建模是设计的语言。草图和设计解决方案的制图是传统的模型，如今模型的定义则包括了虚拟现实（virtual reality）。由于计算建模的广泛应用，已经出现了大量关于此类设计过程的研究。

　　再次，我们不能忽略来源于产品本身的设计知识：主要存在于构成产品属性的造型、材料和表面工艺之中。大量的日常设计沿袭了已有的产品范例——这并不是因为设计师的懈怠,而是因为已有的产品范例中确实包含了影响后来设计的设计知识。手工制品的设计可以证明这一点:传统手工制品中就包含了隐性知识——如何制作最好的形态、卓越的性能和优良的工艺。这就是手工制品被毫无保留地复制,并代代相传的原因。

还有来源于人的设计知识,我们不能因为它是隐性知识就忽视它,而应该将其作为设计研究的任务之一。同样地,也不可忽视形式和结构组织方面的知识——对设计形态学的理论研究。这些研究涉及语义学、形式法则,也涉及效率和经济因素,还涉及形式与功能(不管是人机工程问题或环境因素)之间的关系。

基于人、过程和产品三方面因素,我将设计研究领域分为以下三类:

- 设计认识论——研究设计师式认知。
- 设计行为学——研究设计实践和设计过程。
- 设计现象学——研究人造物的形式和结构。

在设计研究领域中,人们正越来越意识到,设计思维在设计语境中的内在能量和适当性,也就是设计智能(design intelligence)。设计的语言正为人们所接受,设计作为一门学科慢慢得到承认。我们也慢慢意识到设计无须模仿科学,也不是某种神秘且无法言表的艺术，它具有自己独特的智力文化。

但对于设计研究的本质，业界仍然存在一些困惑和争议。我坚信，设计研究中的最佳实践典范都具有以下特征（引自 Bruce Archer 的讲座笔记）。

好的研究是：

目标明确的——明确某一问题的定义及价值，并以此为基础进行探索。

充满好奇的——不断地探索并获得新的知识。

见多识广的——在之前相关研究的指引下进行(以经验为基础)。

研究方法系统且有效的——有条不紊地规划和执行。

能够被广泛传播的——得出的结论能经得起推敲并能为其他研究者所用。

这些标准也是其他任意一个学科里好的研究的普遍特征。我不认为这样的普遍准则会妨碍以"设计师式"为出发点和目标的研究。反而能够避免产生无法传播的、松散且不成体系的或不负责任的所谓研究结果，这样的研究结果对设计学科的知识体系毫无贡献。

我们也必须在设计实践作品和研究结果之间划清界限。我认为不应该将常规的设计实践作品当做研究结果。研究的关键点是为了从自然或人工世界中提取可靠的知识，并使之能为其他人重新使用。但这并不意味着设计实践作品必须被排除在研究结果之外，而是说，为了使研究结果更可信，研究结果必须包含来自设计实践者的反思，并从反思中得到可重新利用的结果进行传播。

其他来自非设计学科的学者会将一些研究方法或思路引入设计研究这个新的领域。这会带来一定的风险，因为这些方法或思路往往不利于深入地理解设计问题。例如，研究心理学和计算机科学的学者认为设计活动并没有特别之处，它仅仅是问题解决或信息处理的另一种形式。然而，人工智能和设计中的计算建模领域的发展主要研究设计师的认知能力水平和复杂程度，以及需要投入的研究力量。设计研究领域更多的成果主要来自设计师学者（designer-researchers），同样，由新生代设计师学者扮演主要角色的会议、工作坊和研讨会给设计研究工作带来了新的活力。当设计作为一门学科随着它自身的研究基础同步发展时，我们希望看到越来越多的设计师学者的出现。

另一个风险则是研究者并没有意识到自己所专注研究的设计基本范式是模糊不清的。我们需要提高研究群体中的这种意识。

Dorst 所做的研究就旨在提高这种意识，他详尽地分析和对比了 Herbert Simon 和 Donald Schön 的范式：Simon 的实证主义（positivism）得出设计是"理性的解决问题"的结论，Schön 的构成主义（constructivism）得出设计是"反思性的实践"的结论。Dorst 利用这两个似乎是相互矛盾的范式来分析设计活动，这有助于他更全面地认识各种设计活动。

我们仍在慢慢建立合适的设计研究范式。我个人明确提出了设计研究范式的基础理论依据——存在着设计师式认知。我相信，建立这样一个范式是非常有意义的，从长远来看，它有利于设计实践和设计教育的发展，也有利于设计领域的智力文化获得更广阔的发展。

# 参考文献

References

[1]  Adelson, B and Solway, E (1985) The Role of Domain Experience in Software Design IEEE Transactions on Software Engineering Vol 11, pp. 1351-1360

[2]  Adelson, B and Solway, E (1988) A Model of Software Design, in M Chi, R Glaser and M Farr (eds.) The Nature of Expertise, Erlbaum, Hillsdale, NJ , USA

[3]  Akin, Ö (1979) An Exploration of the Design Process Design Methods and Theories Vol 13, No 3/4, pp. 115-119

[4]  Akin, Ö and Akin, C (1996) Frames of Reference in Architectural Design: analysing the hyper-acclamation (Aha!) Design Studies Vol 17, No 4, pp. 341-361

[5]  Akin, Ö and Lin, C (1996) Design Protocol Data and Novel Design Decisions, in Cross, N. et al. (eds.), Analysing Design Activity, John Wiley and Sons Ltd., Chichester, UK

[6]  Alexander, C (1964) Notes on the Synthesis of Form Harvard University Press, Cambridge, MA, USA

[7] Alexander, C (1971) The State of the Art in Design Methods DMG Newsletter, Vol 5, No 3, pp.3-7

[8] Alexander, C et al. (1979) A Pattern Language Oxford University Press, New York, USA

[9] Amabile, T (1982) Social Psychology of Creativity: a consensual assessment technique Journal of Personality and Social Psychology Vol 43, pp. 997-1013

[10] Archer, L B (1965) Systematic Method for Designers, The Design Council, London, UK. Reprinted in N Cross (ed.) (1984), Developments in Design Methodology, John Wiley and Sons Ltd., Chichester, UK

[11] Archer, L B (1981) A View of the Nature of Design Research, in Jacques, R and Powell, J(eds.), Design:Science:Method, Westbury House, Guildford, UK

[12] Ball, L J, Evans, J, et al. (1994) Cognitive Processes in Engineering Design: a longitudinal study Ergonomics Vol 37, No 11, pp. 1753-1786

[13] Ball, L J and Ormerod, T (1995) Structured and Opportunistic Processing in Design: a critical discussion International Journal of Human-Computer Studies Vol 43, pp. 131-151

[14] Blakeslee, T R (1980) The Right Brain Macmillan, London, UK

[15] Boden, M (1990) The Creative Mind: Myths and Mechanisms Weidenfield and Nicolson, London, UK

[16] Bogen, J E (1969) The Other Side of the Brain II: an appositional mind Bulletin of the Los Angeles Neurological Societies Vol 34, No 3

[17] Bucciarelli, L (1994) Designing Engineers MIT Press, Cambridge, MA, USA

[18] Candy, L and Edmonds, E (1996) Creative Design of the Lotus Bicycle Design Studies Vol 17, No 1, pp. 71-90

[19] Casti, J (1998) The Cambridge Quintet Little, Brown, London, UK

[20] Christiaans, H (1992) Creativity in Design: The Role of Domain Knowledge in Designing, Lemma, Utrecht, The Netherlands

[21] Christiaans, H and Dorst, C (1992) Cognitive Models in Industrial Design Engineering: a protocol study, in D L Taylor and D A Stauffer (eds.), Design Theory and Methodology-DTM92, American Society of Mechanical Engineers, New York, USA

[22] Cross, A (1980) Design and General Education Design Studies Vol 1 No 4 pp. 202-206

[23] Cross, A (1984) Towards an Understanding of the Intrinsic

Values of Design Education, Design Studies Vol 5, No 1, pp. 31-39

[24] Cross, N (1967) Simulation of Computer Aided Design, MSc Thesis, UMIST, Manchester, UK

[25] Cross, N (ed.) (1984) Developments In Design Methodology John Wiley and Sons Ltd., Chichester, UK

[26] Cross, N (1989) Engineering Design Methods: Strategies for Product Design John Wiley and Sons Ltd., Chichester, UK

[27] Cross, N (1999) Design Research: a disciplined conversation Design Issues Vol 15, No 2, pp.5-10

[28] Cross, N (2001) Achieving Pleasure From Purpose: the methods of Kenneth Grange, product designer Design Journal Vol 4, No 1, pp 48-58

[29] Cross, N, Christiaans, H and Dorst, K (1994) Design Expertise Amongst Student Designers Journal of Art and Design Education Vol 13, No 1, pp.39-56

[30] Cross, N, Christiaans, H and Dorst, K (eds.) (1996) Analysing Design Activity John Wiley and Sons Ltd., Chichester, UK

[31] Cross, N and Clayburn Cross, A (1995) Observations of Teamwork and Social Processes in Design Design Studies Vol 16, No 2, pp.143-170

[32] Cross, N and Clayburn Cross, A (1996) Winning by Design:

the methods of Gordon Murray, racing car designer Design Studies Vol 17, No 1, pp. 91-107

[33] Cross, N and Clayburn Cross, A (1998) Expertise in Engineering Design Research in Engineering Design Vol 10, No 3, pp. 141-149

[34] Cross, N and Dorst, K (1998) Co-evolution of Problem and Solution Spaces in Creative Design: observations from an empirical study, in J Gero and M L Maher (eds.), Computational Models of Creative Design IV, University of Sydney, NSW, Australia

[35] Cross, N, Dorst, K and Roozenburg, N (eds.) (1992) Research in Design Thinking, Delft University Press, Delft, The Netherlands

[36] Cross, N and Nathenson, M (1981) Design Methods and Learning Methods, in J Powell and R Jacques (eds.), Design:Science:Method, Westbury House, Guildford, UK

[37] Cross, N, Naughton, J and Walker, D (1981) Design Method and Scientific Method Design Studies Vol 2, No 4, pp. 195-201

[38] Cross, N and Roozenburg, N (1992) Modelling the Design Process in Engineering and in Architecture Journal of Engineering Design Vol 3, No 4, pp. 325-337

[39] Daley, J, Design Creativity and the Understanding of Objects, Design Studies, Vol 3, No 3, pp.133-137

[40] Darke, J (1979) The Primary Generator and the Design Process Design Studies Vol 1, No 1, pp 36-44

[41] Davies, R (1985) A Psychological Enquiry into the Origination and Implementation of Ideas, MSc Thesis, UMIST, Manchester, UK

[42] Davies, S and Castell, A (1992) Contextualizing Design: narratives and rationalization in empirical studies of software design Design Studies Vol 13, No 4, pp. 379-392

[43] van Doesberg, T (1923) Towards a Collective Construction, De Stijl (Quoted by Naylor, G The Bauhaus, Studio Vista, London, 1968)

[44] Dorst, K (1997) Describing Design: a comparison of paradigms, PhD Thesis, Faculty of Industrial Design Engineering, Delft University of Technology, The Netherlands

[45] Dorst, K and Dijkhuis, J (1995) Comparing Paradigms for Describing Design Activity Design Studies Vol 16, No 2, pp. 261-274

[46] Douglas, M and Isherwood, B (1979) The World of Goods Allen Lane, London, UK

[47] Eastman, C M (1970) On the Analysis of Intuitive Design Processes, in G T Moore (ed.), Emerging Methods in Environmental Design and Planning MIT Press, Cambridge, MA, USA

[48] Edwards, B (1979) Drawing on the Right Side of the Brain Tarcher, Los Angeles, CA, USA

[49] Ericsson, K A and Lehmann, A (1996) Expert and Exceptional Performance: evidence on maximal adaptations on task constraints Annual Review of
Psychology Vol 47, pp. 273-305

[50] Ericsson, K A and Simon, H A (1993) Protocol Analysis: Verbal Reports as Data MIT Press, Cambridge, MA, USA

[51] Ericsson, K A and Smith, J (eds.) (1991) Toward a General Theory of Expertise: Prospects and Limits Cambridge University Press, Cambridge, UK

[52] Ferguson, E S (1977) The Mind's Eye: non-verbal thought in technology Science Vol 197, No 4306

[53] Ferguson, E S (1992) Engineering and the Mind's Eye, MIT Press, Cambridge, MA, USA

[54] Fox, R (1981) Design-based Studies: an action-based 'form of knowledge' for thinking, reasoning, and operating Design Studies Vol 2, No 1, pp. 33-40

[55] Frankenberger, E and Badke-Schaub, P (1998) Integration of Group, Individual and External Influences in the Design Process, in E Frankenberger, P BadkeSchaub and H Birkhofer (eds.), Designers-The Key to Successful Product Development, Springer, London, UK

[56] French, M J (1979) A Justification for Design Teaching in Schools Engineering (design education supplement) p. 25

[57] French, M J (1985) Conceptual Design for Engineers, Design Council, London, UK

[58] French, M J (1994) Invention and Evolution: Design in Nature and Engineering Cambridge University Press, Cambridge, UK

[59] Fricke, G (1993) Empirical Investigations of Successful Approaches When Dealing With Differently Précised Design Problems International Conference on Engineering Design ICED93, Heurista, Zürich

[60] Fricke, G (1996) Successful Individual Approaches in Engineering Design Research in Engineering Design Vol 8, pp.151-165

[61] Galle, P (1996) Design Rationalisation and the Logic of Design: a case study Design Studies Vol 17, No 3, pp. 253-275

[62] Gardner, H (1983) Frames of Mind: The Theory of Multiple

Intelligences, Heinemann, London, UK

[63] Gasparski, W and Strzalecki, A (1990) Contributions to Design Science: praxeological perspective Design Methods and Theories Vol 24, No 2

[64] Gazzaniga, M S (1970) The Bisected Brain, Appleton Century Crofts, New York, USA

[65] Gelernter, D (1994) The Muse in the Machine: Computers and Creative Thought Fourth Estate, London, UK

[66] Gero, J (1994) Computational Models of Creative Design Processes, in Dartnall, T. (ed.), Artificial Intelligence and Creativity Kluwer, Dordrecht, The Netherlands

[67] Gero, J and McNeill, T (1998) An Approach to the Analysis of Design Protocols Design Studies Vol 19, No 1, pp. 21-61

[68] Glynn, S (1985) Science and Perception as Design Design Studies Vol 6, No 3, pp. 122-126

[69] Goel, V (1995) Sketches of Thought, MIT Press, Cambridge, MA, USA

[70] Goel, V and Pirolli, P (1992) The Structure of Design Problem Spaces Cognitive Science Vol 16, pp. 395-429

[71] Göker, M H (1997) The Effects of Experience During Design Problem Solving Design Studies Vol 18, No 4, pp. 405-426

[72] Goldschmidt, G (1991) The Dialectics of Sketching Creativity

Research Journal Vol 4, No 2, pp. 123-143

[73] Goldschmidt, G (1996), The Designer as a Team of One, in Cross, N. et al. (eds.), Analysing Design Activity, John Wiley and Sons Ltd., Chichester, UK

[74] Gordon, W J (1961) Synectics: The Development of Creative Capacity, Harper and Brothers, New York, NY, USA

[75] Grant, D (1979) Design Methodology and Design Methods Design Methods and Theories Vol 13, No 1

[76] Gregory, S A (1966a) Design and the Design Method, in Gregory, S A (ed.) The Design Method Butterworth, London, UK

[77] Gregory, S A (1966b) Design Science, in Gregory, S A (ed.) The Design Method, Butterworth, London, UK

[78] Guindon, R (1990a) Knowledge Exploited by Experts During Software System Design International Journal of Man-Machine Studies Vol 33, pp. 279-304

[79] Guindon, R (1990b) Designing the Design Process: exploiting opportunistic thoughts Human-Computer Interaction Vol 5, pp. 305-344

[80] Günther, J, Frankenberger, E and Auer, P (1996) Investigation of Individual and Team Design Processes in Mechanical Engineering, in Cross, N. et al. (eds.), Analysing Design

Activity, John Wiley and Sons Ltd., Chichester, UK

[81] Hansen, F (1974) Konstruktionswissenschaft, Carl Hanser, Munich, Germany

[82] Harrison, A (1978) Making and Thinking Harvester Press, Hassocks, Sussex, UK

[83] Hillier, B and Leaman, A (1974) How is Design Possible? Journal of Architectural Research Vol 3, No 1, pp.4-11

[84] Hillier, B and Leaman, A (1976) Architecture as a Discipline Journal of Architectural Research Vol 5, No 1, pp. 28-32

[85] Holyoak, K J (1991) Symbolic Connectionism: toward third-generation theories of expertise, in Ericsson, K A and Smith, J (eds.), Toward a General Theory of Expertise: Prospects and Limits Cambridge University Press, Cambridge, UK

[86] Hubka, V (1982) Principles of Engineering Design, Butterworth, Guildford, UK

[87] Hubka, V and Eder, W E (1987) Scientific Approach to Engineering Design. Design Studies Vol 8, No 3, pp. 123-137

[88] Jacques, R and Powell, J (eds.) (1981) Design:Science: Method, Westbury House, Guildford, UK

[89] Jansson, D G and Smith, S M (1991) Design Fixation Design Studies Vol 12, No 1, pp. 3-11

[90] Jones, J C (1970) Design Methods Wiley, Chichester, UK

[91] Jones, J C (1977) How My Thoughts About Design Methods Have Changed During the Years, Design Methods and Theories, Vol 11, No 1, pp. 50-62

[92] Jones, J C and Thornley, D G (eds.) (1963) Conference on Design Methods, Pergamon, Oxford, UK

[93] Kavakli, M, Scrivener, S et al. (1998) Structure in Idea Sketching Behaviour Design Studies Vol 19, No 4, pp. 485-517

[94] Koestler, A (1964) The Act of Creation, Hutchinson and Co. Ltd., London, UK

[95] Kolodner, J L and Wills, L M (1996) Powers of Observation in Creative Design Design Studies Vol 17, No 4, pp. 385-416

[96] Lakatos, I (1970) Falsification and the Methodology of Scientific Research Programmes, in Lakatos, I and Musgrave, A (eds.) Criticism and the Growth of Knowledge Cambridge University Press, Cambridge, UK

[97] Lasdun, D (1965) An Architect's Approach to Architecture RIBA Journal Vol 72, No 4

[98] Lawson, B (1979) Cognitive Strategies in Architectural Design Ergonomics Vol 22, No 1, pp. 59-68

[99] Lawson, B (1980) How Designers Think Architectural Press,

London, UK

[100] Lawson, B (1994) Design In Mind, Butterworth-Heinemann, Oxford, UK

[101] Le Corbusier (1929) CIAM 2nd Congress, Frankfurt, Germany

[102] Levin, P H (1966) Decision Making in Urban Design Building Research Station Note EN51/66 Building Research Station, Garston, Herts, UK

[103] Lloyd, P, Lawson, B and Scott, P (1996) Can Concurrent Verbalisation Reveal Design Cognition? Design Studies Vol 16, No 2, pp. 237-259

[104] Lloyd, P and Scott, P (1994) Discovering the Design Problem Design Studies Vol 15, No 2, pp. 125-140

[105] Lloyd, P and Scott, P (1995) Difference in Similarity: interpreting the architectural design process Planning and Design Vol 22, pp. 383-406

[106] Maccoby, M (1991) The Innovative Mind at Work IEEE Spectrum December, pp. 23-35

[107] MacCormac, R (1976) Design Is... (Interview with N. Cross), BBC/Open University TV programme, BBC, London, UK

[108] McGown, A, Green, G et al. (1998) Visible Ideas: information patterns of conceptual sketch activity Design

Studies Vol 19, No 4, pp. 431-453

[109] McNeill, T, Gero, J et al. (1998) Understanding Conceptual Electronic Design Using Protocol Analysis Research in Engineering Design Vol 10, No 3, pp.129-140

[110] McPeck, J E (1981) Critical Thinking and Education Martin Robertson, Oxford, UK

[111] March, L J (1976) The Logic of Design and the Question of Value, in March, L J (ed.) The Architecture of Form Cambridge University Press, Cambridge, UK

[112] Marples, D (1960) The Decisions of Engineering Design Institute of Engineering Designers, London, UK

[113] Mazijoglou, M, Scrivener, S and Clark, S (1996) Representing Design Workspace Activity, in Cross, N. et al. (eds.), Analysing Design Activity, John Wiley and Sons Ltd., Chichester, UK

[114] Ornstein, R E (1975) The Psychology of Consciousness Jonathan Cape, London; Penguin Books, Harmondsworth, UK

[115] Pahl, G and Beitz, W (1984) Engineering Design Springer/Design Council, London, UK

[116] Peters, R S (1965) Education as Initiation, in Archambault, R D (ed.) Philosophical Analysis and Education Routledge and

Kegan Paul, London, UK

[117] Pugh, S (1991) Total Design: integrated methods for successful product engineering Addison-Wesley, Wokingham, UK

[118] Purcell, A T and Gero, J (1991) The Effects of Examples on the Results of Design Activity, in Gero, J S (ed.) Artificial Intelligence in Design AID91 Butterworth-Heinemann, Oxford, UK

[119] Purcell A T, Williams P, et al. (1993) Fixation Effects: do they exist in design problem solving? Environment and Planning B: Planning and Design Vol 20, No 3, pp. 333-345

[120] Purcell, T and Gero, J (1996) Design and Other Types of Fixation Design Studies Vol 17, No 4, pp. 363-383

[121] Pye, D (1978) The Nature and Aesthetics of Design Barrie and Jenkins, London, UK

[122] Radcliffe, D (1996) Concurrency of Actions, Ideas and Knowledge Displays Within a Design Team, in Cross, N. et al. (eds.), Analysing Design Activity, John Wiley and Sons Ltd., Chichester, UK

[123] Radcliffe, D and Lee, T Y (1989) Design Methods Used by Undergraduate Engineering Students Design Studies Vol 10, No 4, pp. 199-207

[124] Rittel, H and Webber, M (1973) Dilemmas in a General Theory of Planning Policy Sciences Vol 4, pp. 155-169

[125] Roozenberg, N (1993) On the Pattern of Reasoning in Innovative Design Design Studies, Vol 14, No 1, pp.4-18

[126] Rosenman, M and Gero, J (1993) Creativity in Design Using a Prototype Approach, in Gero, J and Maher, M L (eds.) Modeling Creativity and Knowledge-Based Creative Design, Lawrence Erlbaum Associates, Hillsdale, New Jersey, USA

[127] Rowe, P (1987) Design Thinking, MIT Press, Cambridge, MA, USA

[128] Royal College of Art (1979) Design in General Education Department of Design Research, Royal College of Art, London, UK

[129] Roy, R (1993) Case Studies of Creativity in Innovative Product Development, Design Studies Vol 14, No 4, pp. 423-443.

[130] Ryle, G (1949) The Concept of Mind Hutchinson, London, UK

[131] Schön, D (1983) The Reflective Practitioner, Temple-Smith, London, UK

[132] Schön, D (1988) Designing: rules, types and worlds Design Studies Vol 9, No 3, pp.181-190

[133] Schön, D and Wiggins, G (1992) Kinds of Seeing and their Functions in Designing Design Studies Vol 13, No 2, pp.135-156

[134] Simon, H A (1969) The Sciences of the Artificial MIT Press, Cambridge, MA, USA

[135] Smith, R P and Tjandra, P (1998) Experimental Observation of Iteration in Engineering Design Research in Engineering Design Vol 10, No 2, pp. 107-117

[136] Sperry, R W, Gazzaniga, M S and Bogen, J E (1969) Interhemispheric Relations: the neocortical commissures; syndromes of hemispheric disconnection, in Vinken, P J and Bruyn, G W (eds.), Handbook of Clinical Neurology, Vol 4, North-Holland, Amsterdam, The Netherlands

[137] Stauffer, L, Ullman, D et al. (1987) Protocol Analysis of Mechanical Engineering Design International Conference on Engineering Design ICED87, ASME, New York, USA

[138] Suwa, M, Purcell, T and Gero, J (1998) Macroscopic Analysis of Design Processes Based on a Scheme for Coding Designers' Cognitive Actions Design Studies Vol 19, No 4, pp. 455-483

[139] Suwa, M and Tversky, B (1997) What do Architects and Students Perceive in Their Design Sketches? Design Studies

Vol 18, No 4, pp. 385-403

[140] Takeda, H, Yoshioka M, et al. (1996) Analysis of Design Protocol by Functional Evolution Process Model, in Cross, N et al. (eds.), Analysing Design Activity, John Wiley and Sons Ltd., Chichester, UK

[141] Thomas, J C and Carroll, J M (1979) The Psychological Study of Design Design Studies Vol 1, No 1, pp. 5-11

[142] Tjalve, E (1979) A Short Course in Industrial Design, Newnes-Butterworth, London, UK

[143] Tzonis, A (1992) Invention Through Analogy: lines of vision, lines of fire Faculty of Architecture, Delft University of Technology, Delft, The Netherlands

[144] Ullman, D G, Dietterich, T G et al. (1988) A Model of the Mechanical Design Process Based on Empirical Data A I in Engineering Design and Manufacturing Vol 2, No 1, pp. 33-52

[145] Ullman, D G, Wood, S, et al. (1990) The Importance of Drawing in the Mechanical Design Process Computers and Graphics Vol 14, No 2, pp. 263-274

[146] Valkenburg, R and Dorst, K (1998) The Reflective Practice of Design Teams Design Studies Vol 19, No 3, pp. 249-272

[147] VDI (Verein Deutscher Ingenieure) (1987) Design Guideline

2221: Systematic Approach to the Design of Technical Systems and Products (English translation of 1985 German edition), VDI Verlag, Düsseldorf, Germany

[148] Verstijnen, I M, Hennessey, J M, et al. (1998) Sketching and Creative Discovery Design Studies Vol 19, No 4, pp.519-546

[149] Visser W (1990) More or Less Following a Plan During Design: opportunistic deviations in specification International Journal of Man-Machine Studies Vol 33, pp. 247-278

[150] de Vries, M, Cross, N and Grant, D (eds.) (1993) Design Methodology and Relationships with Science, Kluwer, Dordrecht, The Netherlands

[151] Waldron, M B, and Waldron, K J (1988) A Time Sequence Study of a Complex Mechanical System Design Design Studies Vol 9, No 2, pp. 95-106

[152] Wallas, G (1926) The Art of Thought Jonathan Cape, London, UK

[153] Whitehead, A N (1932) Technical Education and its Relation to Science and Literature, in Whitehead, A N The Aims of Education Williams and Norgate, London, UK

[154] Willem, R A (1990) Design and Science Design Studies Vol 11, No 1, pp.43-47

# 索引

Index

## P

## R

## S

# 致谢
Acknowledgments

在许多的研究工作中，我的妻子 Anita 一直是我的搭档，她始终支持着我，也给了我很多灵感。

英国开放大学给我提供了充裕的时间和良好的工作条件，使本书得以顺利出版。

第 4 章和第 5 章的部分内容基于我和 Kees Dorst、Henri Christiaans 一起在1994年组织的代尔夫特口语分析工作坊的数据形成。当时我们在代尔夫特理工大学（Delft University of Technology）工作，并与来自施乐帕洛·阿尔托研究中心（Palo Alto Research Center，PARC）的 Steve Harrison 和 Scott Minncman 展开了合作。在此，非常感谢来自以下各方在经济上和技术上对我们的支持：代尔夫特理工大学工业设计工程系、PARC、斯坦福大学工程设计中心。尤其要感谢 Victor Scheinman 等参与我实验的设计师，有了他们的无私帮助，设计活动的观察分析才能顺利进行。

Kenneth Grange 和 Gordon Murray 为第 5 章的访谈贡献了宝贵的时间。

感谢一些单位的支持和许可，我才能再次发表以下文章：爱思唯尔(Elsevier)——第 1、2、3 章内容来自《Design Studies》；悉尼大学设计计算和识别中心——第 4 章内容来自《Computational Models of Creative Design III》，第 5 章内容来自《Strategic Knowledge and Concept Formation III》；爱思唯尔——第 6 章内容来自《Design Knowing and Learning》；米兰理工大学——第 7 章内容来自《Design+Research》。

谨在此感谢这些插图作者：Fraser 和 Rod Henmi（图 3.1、图 3.2），摘自美国纽约约翰威立国际出版公司的《Envisioning ArchiteeTure》；Joachim Gunter、Eckart Frankcnbergcr 和 Peter Auer（图 4.2），Maryliza Mazijoglou、Stephen Scrivener 和 Sean Clark（图 4.3），David Radcliffe（图 4.4），Gabriela Goldschmidt（图 4.5）。以上的插图都来自 N. Cross、H. Christiaans 和 K. Dorst 编著，约翰威立国际出版公司出版的《Analysing Design Activity》，并已经得到复制许可。